职业教育计算机网络技术专业
校企互动应用型系列教材

网络设备管理与维护综合实训

主　编　王　印　张文库

副主编　陈喜儿　司马晶钰

电子工业出版社

Publishing House of Electronics Industry

北京·BEIJING

内 容 简 介

本书在内容编排上，具有理论联系实际、聚焦行业技术发展、深入浅出的特点。本书的编写从满足经济发展对高素质劳动者和技能型人才的需求出发，在课程结构、教学内容和教学方法等方面进行了新的探索与改革创新，从而使读者可以更好地掌握本课程的内容，提高读者对理论知识和实际操作技能的掌握程度。

本书在网络设备管理与维护综合实训所需的基本理论知识的基础上，引入了实训方法，具备职业院校、技工院校实践教学的实用性。全书分为8个项目，包括网络设备的远程管理与维护、典型的中小型局域网、基于三层网络结构的局域网、双核心的园区网、中小型无线局域网、搭建园区综合办公网络，以及两个企业网综合实训。

本书可以作为计算机网络技术相关课程的实践教材，也可以作为相关技术培训的教材，还可以作为网络工程技术人员的参考书。

（未经许可，不得以任何方式复制或抄袭本书之部分或全部内容。）

图书在版编目（CIP）数据

网络设备管理与维护综合实训 / 王印，张文库主编. —北京：电子工业出版社，2024.3

ISBN 978-7-121-47461-3

Ⅰ. ①网… Ⅱ. ①王… ②张… Ⅲ. ①网络设备－设备管理 Ⅳ. ①TP393.05

中国国家版本馆 CIP 数据核字（2024）第 051206 号

责任编辑：罗美娜

印　　刷：北京七彩京通数码快印有限公司

装　　订：北京七彩京通数码快印有限公司

出版发行：电子工业出版社

　　　　　北京市海淀区万寿路 173 信箱　　　　　　邮编：100036

开　　本：787×1092　　1/16　　印张：11.5　　　　字数：201 千字

版　　次：2024 年 3 月第 1 版

印　　次：2025 年 2 月第 3 次印刷

定　　价：38.00 元

凡所购买电子工业出版社图书有缺损问题，请向购买书店调换。若书店售缺，请与本社发行部联系，联系及邮购电话：（010）88254888，88258888。

质量投诉请发邮件至 zlts@phei.com.cn，盗版侵权举报请发邮件至 dbqq@phei.com.cn。

本书咨询联系方式：（010）88254617，luomn@phei.com.cn。

前　言

随着信息技术的发展，社会迫切需要大批高素质的 IT 行业应用型人才。因此需要加大实训在教学中的比重，将理论学习和工程实践相结合，提高读者的职业技能与综合素质。

1．本书特色

本书在编写过程中坚持科技是第一生产力、人才是第一资源、创新是第一动力的思想理念，总结了编者多年从事计算机网络工程实践及教学的经验，根据网络工程实际工作过程中所需的知识和技能提炼出了若干个教学项目。对于本书中的各个项目，先给出项目背景，再提供完成该项目必须掌握的操作技能，注重对读者实践技能的培养。从工作需求与实践应用中引入教学项目，旨在培养读者完成工作任务需要掌握的技能。

本书从项目入手，以项目背景、项目要求、项目实施、项目验收、项目评价为导向，逐步引导读者完成实际项目，从而体现计算机网络技术的理论知识是如何在实际工程项目中应用的。本书根据内容分为 8 个项目，通过学习本书内容，读者可以掌握网络设备的远程管理与维护技术，掌握典型的中小型局域网、基于三层网络结构的局域网、双核心的园区网、中小型无线局域网、园区综合办公网络等的相关知识，并且可以综合应用所学知识搭建企业网。

2．课时分配

本书的参考课时为 96 课时，具体的课时分配可以参考下面的表格，可以根据读者的接受能力与专业需求灵活调整。

课时分配参考表

项　　目	项　目　名	课 时 分 配		
		讲授/课时	实训/课时	合计/课时
1	网络设备的远程管理与维护	2	10	12
2	典型的中小型局域网	2	10	12
3	基于三层网络结构的局域网	2	10	12
4	双核心的园区网	2	10	12
5	中小型无线局域网	2	10	12
6	搭建园区综合办公网络	2	10	12
7	企业网综合实训 1	2	10	12
8	企业网综合实训 2	2	10	12
合　　计		16	80	96

3．教学资源

为了提高学习效率，改善教学效果，方便教师教学，编者为本书提供了完整的配置代码等教学资源，有需要的读者可以登录华信教育资源网，在免费注册后下载相应的教学资源。如果有问题，则可以在网站留言板上留言或与电子工业出版社联系（E-mail：hxedu@phei.com.cn）。

4．本书编者

本书由珠海市技师学院的王印和张文库担任主编并负责统稿，由陈喜儿和司马晶钰担任副主编，李黄参编。本书具体编写分工如下：由司马晶钰负责编写项目 1，由张文库负责编写项目 2，由王印负责编写项目 3、项目 4、项目 7和项目 8，由陈喜儿负责编写项目 5 和项目 6。

由于编者水平有限，书中难免存在疏漏和不足之处，敬请广大读者批评、指正。

编　者

目　　录

项目1 网络设备的远程管理与维护

📨 项目背景

网络设备维护人员经常要对网络设备进行配置，而每次去网络设备所在地是不现实的，因此在部署网络设备前，需要完成网络设备的远程管理配置。

在新接手一台已经调试好的网络设备后，需要将网络设备的配置文件等备份，以便在设备出现问题时，可以通过还原网络设备的配置进行补救。

综上所述，网络设备的远程管理与维护是网络维护人员的必备技能。

🔍 项目要求

（1）网络设备的远程管理与维护的网络拓扑图如图1.1所示（在本图中，使用 GE 表示 GigabitEthernet）。

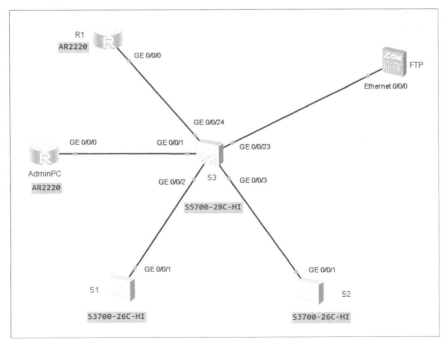

图1.1 网络设备的远程管理与维护的网络拓扑图

（2）AdminPC 使用路由器模拟网络管理员的计算机，R1 是网络出口路由器，S1、S2 和 S3 是交换机，FTP 服务器主要用于备份网络设备的配置文件。设备说明如表 1.1 所示（在本表中，使用 GE 表示 GigabitEthernet，使用 E 表示 Ethernet）。

表 1.1　设备说明

设备名称 （型号）	接口	IP 地址/子网掩码	默认网关	接口属性	对端设备及接口
S1 （S3700）	GE 0/0/1	—	—	Trunk	S3：GE 0/0/2
	VLANIF 1	192.168.1.1/24	192.168.1.254	—	—
S2 （S3700）	GE 0/0/1	—	—	Trunk	S3：GE 0/0/3
	VLANIF 1	192.168.1.2/24	192.168.1.254	—	—
S3 （S5700）	GE 0/0/1	—	—	Access	AdminPC：GE 0/0/0
	GE 0/0/2	—	—	Trunk	S1：GE 0/0/1
	GE 0/0/3	—	—	Trunk	S2：GE 0/0/1
	GE 0/0/23	—	—	Access	FTP：E 0/0/0
	GE 0/0/24	—	—	Access	R1：GE 0/0/0
	VLANIF 1	192.168.1.254/24	—	—	—
	VLANIF 10	192.168.10.254/24	—	—	—
	VLANIF 100	192.168.100.254/24	—	—	—
R1 （AR2220）	GE 0/0/0	192.168.100.1/24	—	—	S3：GE 0/0/24
AdminPC （AR2220）	GE 0/0/0	192.168.10.1/24	192.168.10.254	—	S3：GE 0/0/1
FTP （Server）	E 0/0/0	192.168.10.2/24	192.168.10.254	—	S3：GE 0/0/23

（3）VLAN 规划如表 1.2 所示。

表 1.2　VLAN 规划

VLAN ID	VLANIF 地址	包含设备	备注
1	192.168.1.254/24	S1、S2	管理网段
10	192.168.10.254/24	FTP、AdminPC	管理服务网段
100	192.168.100.254/24	R1	S3 与 R1 之间进行通信的网段

（4）配置网络设备，保证网络的连通性。

（5）配置网络设备，使其可以通过 Console 接口、STelnet（SSH）登录访问。

（6）能够通过 STelnet（SSH）远程登录网络设备，并且能够备份和还原网络设备的配置文件。

项目实施

参照图 1.1 搭建网络拓扑结构，连接网络设备，开启所有设备的电源。

1．网络设备的基础配置

（1）交换机 S1 的基础配置如下：

```
<Huawei>undo terminal monitor
Info: Current terminal monitor is off.         //取消干扰消息
<Huawei>system-view
[Huawei]sysname S1
[S1]interface GigabitEthernet 0/0/1
[S1-GigabitEthernet0/0/1]port link-type trunk    //配置 Trunk
[S1-GigabitEthernet0/0/1]port trunk allow-pass vlan all
                                          //允许所有 VLAN 通过
[S1-GigabitEthernet0/0/1]quit
[S1]interface Vlanif 1
[S1-Vlanif1]ip address 192.168.1.1 24      //配置 S1 的管理 IP 地址
[S1-Vlanif1]quit
[S1]ip route-static 0.0.0.0 0 192.168.1.254
                             //配置默认路由，充当 S1 的默认网关
[S1]
```

（2）交换机 S2 的基础配置如下：

```
<Huawei>undo terminal monitor
Info: Current terminal monitor is off.
<Huawei>system-view
[Huawei]sysname S2
[S2]interface GigabitEthernet 0/0/1
[S2-GigabitEthernet0/0/1]port link-type trunk    //配置 Trunk
```

```
[S2-GigabitEthernet0/0/1]port trunk allow-pass vlan all
                                    //允许所有 VLAN 通过
[S2-GigabitEthernet0/0/1]quit
[S2]interface Vlanif 1
[S2-Vlanif1]ip address 192.168.1.2 24    //配置 S2 的管理 IP 地址
[S2-Vlanif1]quit
[S2]ip route-static 0.0.0.0 0 192.168.1.254
                            //配置默认路由，充当 S2 的默认网关
[S2]
```

（3）交换机 S3 的基础配置如下：

```
<Huawei>undo terminal monitor
Info: Current terminal monitor is off.
<Huawei>system-view
[Huawei]sysname S3
[S3]vlan batch 10 100                        //批量创建 VLAN
[S3]interface GigabitEthernet 0/0/2
[S3-GigabitEthernet0/0/2]port link-type trunk
[S3-GigabitEthernet0/0/2]port trunk allow-pass vlan all
[S3-GigabitEthernet0/0/2]quit
[S3]interface GigabitEthernet 0/0/3
[S3-GigabitEthernet0/0/3]port link-type trunk
[S3-GigabitEthernet0/0/3]port trunk allow-pass vlan all
[S3-GigabitEthernet0/0/3]quit
[S3]port-group vlan10      //创建名称为 "vlan10" 的端口组
//将端口 GigabitEthernet 0/0/1、GigabitEthernet 0/0/23 加入 vlan10 端口组
[S3-port-group-vlan10]group-member      GigabitEthernet      0/0/1
GigabitEthernet 0/0/23
[S3-port-group-vlan10]port link-type access
                        //设置 vlan10 端口组下的端口模式
[S3-port-group-vlan10]port default vlan 10
                        //配置 vlan10 端口组下的端口归属的 VLAN
[S3-port-group-vlan10]quit
[S3]interface Vlanif 1
```

```
[S3-Vlanif1]ip address 192.168.1.254 24  //配置 S3 的管理 IP 地址
[S3-Vlanif1]quit
[S3]interface Vlanif 10
[S3-Vlanif10]ip address 192.168.10.254 24
[S3-Vlanif10]quit
[S3]interface Vlanif 100
[S3-Vlanif100]ip address 192.168.100.254 24
[S3-Vlanif100]quit
[S3]interface GigabitEthernet 0/0/24
[S3-GigabitEthernet0/0/24]port link-type access
[S3-GigabitEthernet0/0/24]port default vlan 100
[S3-GigabitEthernet0/0/24]quit
[S3]ip route-static 0.0.0.0 0 192.168.100.1
                            //配置默认路由，充当 S3 的默认网关
[S3]
```

（4）AdminPC 的基础配置如下：

```
<Huawei>undo terminal monitor
Info: Current terminal monitor is off.
<Huawei>system-view
[Huawei]sysname AdminPC
[AdminPC]interface GigabitEthernet 0/0/0
[AdminPC-GigabitEthernet0/0/0]ip address 192.168.10.1 24
[AdminPC-GigabitEthernet0/0/0]quit
[AdminPC]ip route-static 0.0.0.0 0 192.168.10.254
[AdminPC]quit
<AdminPC>save
```

（5）FTP 服务器的基础配置。

服务器的 IP 地址一般都要进行手动配置，如果使用 DHCP 服务自动分配，则可能无法得知服务器确切的 IP 地址，所以一般采用手动输入的形式。

① 双击 FTP 服务器，打开"FTP"窗口，在"基础配置"选项卡中进行 IPv4 配置，设置 FTP 服务器的 IPv4 地址、子网掩码和网关，在设置完成后，单击"保存"按钮，如图 1.2 所示。

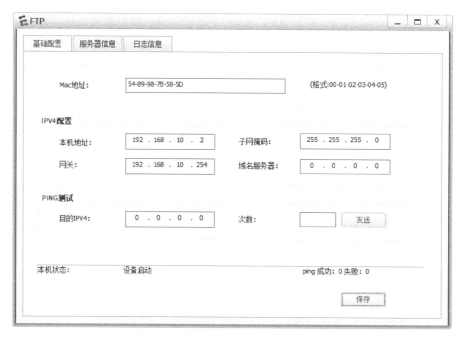

图 1.2　FTP 服务器的 IPv4 配置

　② 在"FTP"窗口的"服务器信息"选项卡中进行 FTPServer 配置（FTP 站点配置），首先在左侧的列表框中选择"FtpServer"选项，然后在右侧的"配置"选区中，将"文件根目录"设置为"D:\FTP"（事先在当前计算机的 D 盘中创建 FTP 文件夹），最后单击"启动"按钮，如图 1.3 所示。

图 1.3　FTP 服务器的 FtpServer 配置

（6）路由器 R1 的基础配置如下：

```
<Huawei>undo terminal monitor
Info: Current terminal monitor is off.
<Huawei>system-view
[Huawei]sysname R1
[R1]interface GigabitEthernet 0/0/0
[R1-GigabitEthernet0/0/0]ip address 192.168.100.1 24
[R1-GigabitEthernet0/0/0]quit
[R1]ip route-static 192.168.0.0 16 192.168.100.254
                                    //配置回指192.168.0.0的路由
[R1]quit
```

在完成以上配置后，AdminPC 应该可以分别 Ping 通 S1（192.168.1.1）、S2（192.168.1.2）、S3（192.168.1.254）、FTP（192.168.10.2）、R1（192.168.100.1），如果不可以 Ping 通，那么检查上述配置是否正确。

2．配置网络设备的 Console 接口的登录密码

（1）配置交换机 S1 的 Console 接口的登录密码，代码如下：

```
[S1]user-interface console 0              //进入Console用户界面
[S1-ui-console0]authentication-mode aaa    //配置认证方式为AAA
[S1-ui-console0]quit
[S1]aaa
[S1-aaa]local-user admin password cipher huawei
                                    //增加本地用户及密码
[S1-aaa]local-user admin privilege level 15    //设置本地等级
[S1-aaa]local-user admin service-type terminal
            //配置本地用户admin的接入类型为终端用户，即 Console 用户
[S1-aaa]quit
```

（2）配置交换机 S2 的 Console 接口的登录密码，代码如下：

```
[S2]user-interface console 0              //进入Console用户界面
[S2-ui-console0]authentication-mode aaa    //配置认证方式为AAA
[S2-ui-console0]quit
[S2]aaa
[S2-aaa]local-user admin password cipher huawei
```

```
                                          //增加本地用户及密码
[S2-aaa]local-user admin privilege level 15    //设置本地等级
[S2-aaa]local-user admin service-type terminal
          //配置本地用户admin的接入类型为终端用户，即Console用户
[S2-aaa]quit
```

（3）配置交换机 S3 的 Console 接口的登录密码，代码如下：

```
[S3]user-interface console 0              //进入Console用户界面
[S3-ui-console0]authentication-mode aaa   //配置认证方式为AAA
[S3-ui-console0]quit
[S3]aaa
[S3-aaa]local-user admin password cipher huawei
                                          //增加本地用户及密码
[S3-aaa]local-user admin privilege level 15    //设置本地等级
[S3-aaa]local-user admin service-type terminal
          //配置本地用户admin的接入类型为终端用户，即Console用户
[S3-aaa]quit
```

（4）配置路由器 R1 的 Console 接口的登录密码，代码如下：

```
[R1]user-interface console 0              //进入Console用户界面
[R1-ui-console0]authentication-mode aaa   //配置认证方式为AAA
[R1-ui-console0]quit
[R1]aaa
[R1-aaa]local-user admin password cipher huawei
                                          //增加本地用户及密码
[R1-aaa]local-user admin privilege level 15    //设置本地等级
[R1-aaa]local-user admin service-type terminal
          //配置本地用户admin的接入类型为终端用户，即Console用户
[R1-aaa]quit
```

（5）路由器 R1 的 Console 接口的登录测试。

重新登录路由器 R1（将"Username"设置为"admin"，将"Password"设置为"huawei"），如果结果如图 1.4 所示，则表示路由器 R1 的 Console 接口的登录配置无误。读者可以自行测试交换机 S1、S2、S3 的 Console 接口的登录配置是否正确。

图 1.4　路由器 R1 的 Console 接口的登录测试

3．配置使用 STelnet（SSH）可以安全登录的路由器和交换机

（1）在路由器 R1 上配置 STelnet（SSH）服务，代码如下：

```
<R1>system-view
[R1]rsa local-key-pair create                    //生成本地 RSA 密钥对
The key name will be: Host
Confirm to replace them? (y/n)[n]:y              //输入"y"
The range of public key size is (512 ~ 2048).
NOTES: If the key modulus is greater than 512,
       It will take a few minutes.
Input the bits in the modulus[default = 512]:
                                   //按回车键，即可设置默认值为 512
Generating keys...
......+++++++++++
....+++++++++++
..........+++++++
.....................................+++++++
R1]user-interface vty 0 4                        //配置 VTY 类型的用户
[R1-ui-vty0-4]authentication-mode aaa
[R1-ui-vty0-4]protocol inbound ssh
                //指定 VTY 类型的用户使用 SSH 协议接入
[R1-ui-vty0-4]quit
[R1]aaa
[R1-aaa]local-user admin service-type terminal ssh
                //配置本地用户 admin 的接入类型为 Console 和 SSH
[R1-aaa]quit
[R1]stelnet server enable                        //开启 SSH 功能
[R1]display ssh server status                    //查询 SSH 服务状态
 SSH version                                     :1.99
```

```
 SSH connection timeout                      :60 seconds
 SSH server key generating interval          :0 hours
 SSH Authentication retries                  :3 times
 SFTP Server                                 :Disable
 Stelnet server                              :Enable
[R1]quit
<R1>save
```

（2）在交换机 S1 上配置 STelnet（SSH）服务，代码如下：

```
<S1>system-view
[S1]rsa local-key-pair create                    //生成本地 RSA 密钥对
The key name will be: S1_Host
The range of public key size is (512 ~ 2048).
NOTES: If the key modulus is greater than 512,
      It will take a few minutes.
Input the bits in the modulus[default = 512]:
                              //按回车键，即可设置默认值为 512
Generating keys...
......++++++++++++
....+++++++++++
..........+++++++
....++++++++
[S1]user-interface vty 0 4                    //配置 VTY 类型的用户
[S1-ui-vty0-4]authentication-mode aaa
[S1-ui-vty0-4]protocol inbound ssh
                    //指定 VTY 类型的用户使用 SSH 协议接入
[S1-ui-vty0-4]quit
[S1]aaa
[S1-aaa]local-user admin service-type terminal ssh
                    //配置本地用户 admin 的接入类型为 Console 和 SSH
[S1-aaa]quit
[S1]ssh user admin authentication-type password
                    //添加 SSH 用户，此处配置与路由器 R1 的配置不同
[S1]ssh user admin service-type stelnet
```

```
[S1]stelnet server enable                    //开启 SSH 功能
[S1]quit
<S1>save
```

（3）在交换机 S2 上配置 STelnet（SSH）服务，代码如下：

```
<S2>system-view
[S2]rsa local-key-pair create                //生成本地 RSA 密钥对
The key name will be: S2_Host
The range of public key size is (512 ~ 2048).
NOTES: If the key modulus is greater than 512,
       It will take a few minutes.
Input the bits in the modulus[default = 512]:
                         //按回车键，即可设置默认值为 512
Generating keys...
.......+++++++++++
....+++++++++++
.........++++++++
..............................++++++++
[S2]user-interface vty 0 4                   //配置 VTY 类型的用户
[S2-ui-vty0-4]authentication-mode aaa
[S2-ui-vty0-4]protocol inbound ssh
                   //指定 VTY 类型的用户使用 SSH 协议接入
[S2-ui-vty0-4]quit
[S2]aaa
[S2-aaa]local-user admin service-type terminal ssh
                   //配置本地用户 admin 的接入类型为 Console 和 SSH
[S2-aaa]quit
[S2]ssh user admin authentication-type password
[S2]ssh user admin service-type stelnet
[S2]stelnet server enable                    //开启 SSH 功能
[S2]quit
<S2>save
```

（4）在交换机 S3 上配置 STelnet（SSH）服务，代码如下：

```
<S3>sys
```

```
[S3]rsa local-key-pair create                    //生成本地 RSA 密钥对
The key name will be: S3_Host
The range of public key size is (512 ~ 2048).
NOTES: If the key modulus is greater than 512,
       It will take a few minutes.
Input the bits in the modulus[default = 512]:
                        //按回车键，即可设置默认值为 512
Generating keys...
......+++++++++++
....+++++++++++
.........++++++++
................................++++++++
[S3]user-interface vty 0 4                        //配置 VTY 类型的用户
[S3-ui-vty0-4]authentication-mode aaa
[S3-ui-vty0-4]protocol inbound ssh
                   //指定 VTY 类型的用户使用 SSH 协议接入
[S3-ui-vty0-4]quit
[S3]aaa
[S3-aaa]local-user admin service-type terminal ssh
                   //配置本地用户 admin 的接入类型为 Console 和 SSH
[S3-aaa]quit
[S3]ssh user admin authentication-type password
[S3]ssh user admin service-type stelnet
[S3]stelnet server enable                         //开启 SSH 功能
[S3]quit
<S3>save
```

（5）在 AdminPC 上配置 STelnet（SSH）。

在 AdminPC 上开启 SSH 客户端的首次认证功能，并且对路由器 R1 进行远程登录测试，代码如下。对于 AdminPC 对交换机 S1、S2 和 S3 的远程登录测试，此处不再赘述，读者可以自行完成。

```
<AdminPC>system-view
[AdminPC]ssh client first-time enable
                        //开启 SSH 客户端的首次认证功能
```

```
[AdminPC]stelnet 192.168.100.1          //对路由器 R1 进行远程登录测试
Please input the username:admin         //输入用户名"admin"
Trying 192.168.100.1 ...
Press CTRL+K to abort
Connected to 192.168.100.1 ...
The server is not authenticated. Continue to access it?
(y/n)[n]:y                              //输入"y"
Oct 10 2022 14:05:41-08:00
AdminPC %%01SSH/4/CONTINUE_KEYEXCHANGE(1)[0]:The server had not
been authenticated in the process of exchanging keys. When deciding
whether to continue, the user chose Y.
[AdminPC]
Save the server's public key? (y/n)[n]:y
                                        //输入"y",保存服务器端公钥
Oct 12 2022 14:05:49-08:00 AdminPC %%01SSH/4/SAVE_PUBLICKEY(l)
[1]:When deciding
whether to save the server's public key 192.168.100.1, the user
chose Y.
[AdminPC]
The server's public key will be saved with the name
192.168.100.1. Please wait...
Enter password:                         //输入密码"huawei"
<R1>system-view                         //登录成功
[R1]display ssh server session
                            //查看 SSH 服务器端的当前会话连接信息
--------------------------------------------------------------
Conn   Ver   Encry    State  Auth-type      Username
--------------------------------------------------------------
VTY 0  2.0   AES      run    password       admin
--------------------------------------------------------------
```

4. 备份与还原路由器、交换机上的配置文件

（1）将路由器 R1 上的配置文件备份到 FTP 服务器上，代码如下：

```
<R1>save r1-backup.cfg
```

　　　　　　　　　　　　　//将当前配置存储于配置文件 r1-backup.cfg 中

　　Are you sure to save the configuration to R1-backup.cfg?
(y/n)[n]:y　　　　　　　　　　　　　　　　　　//输入"y"

　　It will take several minutes to save configuration file,
please wait........

　　Configuration file had been saved successfully

　　Note: The configuration file will take effect after being
activated

　　<R1>dir　　　　　　　　　//查看配置文件 r1-backup.cfg 中的内容
　　Directory of flash:/

　　 Idx Attr　　 Size(Byte) Date　　　　Time(LMT)　FileName
　　　0 drw-　　　　　　- Oct 12 2022 03:20:08　 dhcp
　　　1 -rw-　　 121,802 May 26 2014 09:20:58　 portalpage.zip
　　　2 -rw-　　　　 540 Oct 12 2022 06:44:54　 rsa_server_key.efs
　　　3 -rw-　　　　 396 Oct 12 2022 06:44:53　 rsa_host_key.efs
　　　4 -rw-　　　 2,263 Oct 12 2022 03:19:58　 statemach.efs
　　　5 -rw-　　 828,482 May 26 2014 09:20:58　 sslvpn.zip
　　　6 -rw-　　　　 249 Oct 12 2022 06:46:53　 private-data.txt
　　　7 -rw-　　　 1,080 Oct 12 2022 07:07:58　 r1-backup.cfg
　　　8 -rw-　　　　 663 Oct 12 2022 06:58:02　 vrpcfg.zip

　　1,090,732 KB total (784,444 KB free)
　　<R1>ftp 192.168.10.2　　　　　　　　　//连接 FTP 服务器
　　Trying 192.168.10.2 ...

　　Press CTRL+K to abort
　　Connected to 192.168.10.2.
　　220 FtpServerTry FtpD for free
　　User(192.168.10.2:(none)):　　　　　//按回车键,即可匿名登录
　　331 Password required for .
　　Enter password:　　　　　　　　　　//按回车键即可

```
230 User  logged in , proceed

[R1-ftp]put r1-backup.cfg
                    //将配置文件 r1-backup.cfg 上传到 FTP 服务器上
200 Port command okay.
150 Opening BINARY data connection for r1-backup.cfg

 100%
226 Transfer finished successfully. Data connection closed.
FTP: 1080 byte(s) sent in 0.300 second(s) 3.60Kbyte(s)/sec.

[R1-ftp]quit                              //断开与 FTP 服务器之间的连接
221 Goodbye.
```

（2）双击 FTP 服务器，打开"FTP"窗口，可以看到，配置文件 r1-backup.cfg 上传成功（也可以在 D:\FTP 目录下查看是否有配置文件 r1-backup.cfg），如图 1.5 所示。

图 1.5   配置文件 r1-backup.cfg 已被上传到 FTP 服务器上

（3）将 FTP 服务器上的配置文件 r1-backup.cfg 还原到路由器 R1 上，代码

如下:

```
<R1>delete r1-backup.cfg
                //删除路由器 R1 本地的配置文件 r1-backup.cfg
Delete flash:/r1-backup.cfg? (y/n)[n]:y
Info: Deleting file flash:/r1-backup.cfg...succeed.
<R1>dir       //确认路由器 R1 本地的配置文件 r1-backup.cfg 已经被删除了
Directory of flash:/

  Idx  Attr    Size(Byte)  Date        Time(LMT)  FileName
  Idx  Attr    Size(Byte)  Date        Time(LMT)  FileName
   0   drw-          -  Oct 12 2022 03:20:08   dhcp
   1   -rw-    121,802  May 26 2014 09:20:58   portalpage.zip
   2   -rw-        540  Oct 12 2022 06:44:54   rsa_server_key.efs
   3   -rw-        396  Oct 12 2022 06:44:53   rsa_host_key.efs
   4   -rw-      2,263  Oct 12 2022 03:19:58   statemach.efs
   5   -rw-    828,482  May 26 2014 09:20:58   sslvpn.zip
   6   -rw-        249  Oct 12 2022 06:46:53   private-data.txt
   7   -rw-        663  Oct 12 2022 06:58:02   vrpcfg.zip


1,090,732 KB total (784,440 KB free)<R1>system-view


<R1>ftp 192.168.10.2                        //重新连接 FTP 服务器
Trying 192.168.10.2 ...
Press CTRL+K to abort
Connected to 192.168.10.2.
220 FtpServerTry FtpD for free
User(192.168.10.2:(none)):                  //按回车键，即可匿名登录
331 Password required for  .
Enter password:                             //按回车键即可
230 User  logged in , proceed
[R1-ftp]get r1-backup.cfg
                //从 FTP 服务器上下载配置文件 r1-backup.cfg 到路由器 R1 上
200 Port command okay.
150 Sending r1-backup.cfg (1080 bytes). Mode STREAM Type BINARY
```

```
226 Transfer finished successfully. Data connection closed.
FTP: 1080 byte(s) received in 0.280 second(s) 3.85Kbyte(s)/sec.
[R1-ftp]quit
221 Goodbye.
<R1>startup saved-configuration r1-backup.cfg    //设置引导启动
<R1>reboot
Info: The system is comparing the configuration, please wait.
System will reboot! Continue ? [y/n]:y       //输入"y",确认重启
Info: system is rebooting ,please wait...
```
//出于模拟器的原因,在重启路由器 R1 后,需要先手动"停止设备",再"开启设备",才能正常使用

(4)将交换机 S1 上的配置文件备份到 FTP 服务器上,代码如下:

```
<S1>save s1-backup.cfg
Are you sure to save the configuration to flash:/s1-backup.cfg?
[Y/N]:y                                        //输入"y"
Now saving the current configuration to the slot 0.
Save the configuration successfully.
<S1>dir
Directory of flash:/
  Idx  Attr     Size(Byte)   Date       Time        FileName
   0  drw-             -  Aug 06 2015 21:26:42   src
   1  drw-             -  Oct 12 2022 11:30:10   compatible
   2  -rw-           642  Oct 12 2022 14:59:05   vrpcfg.zip
   3  -rw-         1,603  Oct 12 2022 15:28:23   s1-backup.cfg

32,004 KB total (31,964 KB free)
<S1>ftp 192.168.10.2
Trying 192.168.10.2 ...
Press CTRL+K to abort
Connected to 192.168.10.2.
220 FtpServerTry FtpD for free
User(192.168.10.2:(none)):                      //按回车键,即可匿名登录
331 Password required for  .
```

```
Enter password:                                          //按回车键即可
230 User  logged in , proceed


[ftp]put s1-backup.cfg  //将配置文件s1-backup.cfg上传到FTP服务器上
200 Port command okay.
150 Opening BINARY data connection for s1-backup.cfg
100%
226 Transfer finished successfully. Data connection closed.
FTP: 1603 byte(s) sent in 0.160 second(s) 10.01Kbyte(s)/sec.
[ftp]quit
221 Goodbye.
<S1>
```

（5）双击FTP服务器，打开"FTP"窗口，可以看到，配置文件s1-backup.cfg上传成功（也可以在D:\FTP目录下查看是否有配置文件s1-backup.cfg），如图1.6所示。

图1.6　配置文件s1-backup.cfg已被上传到FTP服务器上

（6）将FTP服务器上的配置文件s1-backup.cfg还原到交换机S1上，代码如下：

```
<S1>delete s1-backup.cfg
```

```
Delete flash:/s1-backup.cfg?[Y/N]:y              //输入"y"
Info: Deleting file flash:/s1-backup.cfg...succeeded.
<S1>ftp 192.168.10.2
Trying 192.168.10.2 ...
Press CTRL+K to abort
Connected to 192.168.10.2.
220 FtpServerTry FtpD for free
User(192.168.10.2:(none)):                      //按回车键，即可匿名登录
331 Password required for  .
Enter password:                                 //按回车键即可
230 User  logged in , proceed
[ftp]get s1-backup.cfg
200 Port command okay.
150 Sending s1-backup.cfg (1603 bytes). Mode STREAM Type BINARY

 63%
226 Transfer finished successfully. Data connection closed.
FTP: 1603 byte(s) received in 0.220 second(s) 7.28Kbyte(s)/sec.
[ftp]quit
221 Goodbye.
<S1>startup saved-configuration s1-backup.cfg
<S1>reboot
Info: The system is comparing the configuration, please wait.
System will reboot! Continue ? [y/n]:y          //输入"y"，确认重启
Info: system is rebooting ,please wait...
```

交换机 S2、S3 上的配置文件的备份和还原操作与交换机 S1 上的相关操作类似，此处不再赘述。

项目验收

（1）测试 AdminPC 是否可以 Ping 通路由器 R1 及交换机 S1、S2、S3。

（2）使用 AdminPC 测试路由器 R1 及交换机 S1、S2、S3 的 SSH 登录功能。

（3）能够在路由器 R1 及交换机 S1、S2、S3 上完成配置文件的备份和还原。

📠 项目评价

本项目的自我评价如表 1.3 所示。

表 1.3　本项目的自我评价

序号	自评内容	佐证内容	达标	未达标
1	设备之间的通信情况	各个设备之间能够互相 Ping 通		
2	配置 STelnet（SSH）服务	AdminPC 可以安全地远程登录路由器 R1 及交换机 S1、S2、S3		
3	配置文件的备份与还原	能够在路由器 R1 及交换机 S1、S2、S3 上完成配置文件的备份和还原		
4	项目综合完成情况	通过学习和练习，能够完成整个项目，并且能够清晰地介绍项目完成过程		

📖 项目小结

本项目包含路由器、交换机的基础配置，远程登录安全配置，以及配置文件的备份与还原，有助于读者提高网络设备的综合管理和维护能力。

将自己的学习心得写在下面。

_____

_____

_____

_____

_____

_____

_____

_____

_____

项目 2 典型的中小型局域网

🗒 项目背景

某小型企业因为业务发展需要，计划建设自己的局域网。这个新的网络要为企业提供一个可靠的、可扩展的、高效的网络环境，并且将企业的两个办公地点连接到一起，同时实现企业内部的信息保密隔离。为了保障企业可以正常上网，计划通过专线连入互联网。

假设你是该企业的网络工程师，需要根据以上要求创建该企业的办公局域网。

🔍 项目要求

（1）典型的中小型局域网的网络拓扑图如图 2.1 所示（在本图中，使用 GE 表示 GigabitEthernet）。

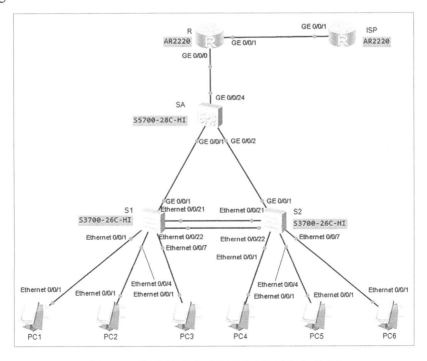

图 2.1 典型的中小型局域网的网络拓扑图

（2）PC1、PC4 位于行政部，PC2、PC5 位于 IT 部，PC3、PC6 位于事业部；S1、S2 和 SA 是交换机；R 是网络出口路由器，ISP 是运营商接入路由器。设备说明如表2.1所示（在本表中，使用 GE 表示 GigabitEthernet，使用 E 表示 Ethernet）。

表2.1　设备说明

设备名称（型号）	接口	IP 地址/子网掩码	默认网关	接口属性	对端设备及接口
ISP（AR2220）	GE 0/0/1	100.100.100.2/30	—	—	R：GE 0/0/1
R（AR2220）	GE 0/0/1	100.100.100.1/30	100.100.100.2	—	ISP：GE 0/0/1
	GE 0/0/0	172.16.100.1/24	—	—	SA：GE 0/0/24
SA（S5700）	GE 0/0/1	—	—	Trunk	S1：GE 0/0/1
	GE 0/0/2	—	—	Trunk	S2：GE 0/0/1
	GE 0/0/24	—	—	Access	R：GE 0/0/0
	VLANIF 1	172.16.1.254/24	—	—	—
	VLANIF 10	172.16.10.254/24	—	—	—
	VLANIF 20	172.16.20.254/24	—	—	—
	VLANIF 30	172.16.30.254/24	—	—	—
	VLANIF 100	172.16.100.254/24	—	—	—
S1（S3700）	E 0/0/1	—	—	Access	PC1：E 0/0/1
	E 0/0/2	—	—	Access	预留机位
	E 0/0/3	—	—	Access	预留机位
	E 0/0/4	—	—	Access	PC2：E 0/0/1
	E 0/0/5	—	—	Access	预留机位
	E 0/0/6	—	—	Access	预留机位
	E 0/0/7	—	—	Access	PC3：E 0/0/1
	E 0/0/8	—	—	Access	预留机位
	E 0/0/9	—	—	Access	预留机位
	E 0/0/21	—	—	Trunk	S2：E 0/0/21
	E 0/0/22	—	—	Trunk	S2：E 0/0/22
	GE 0/0/1	—	—	Trunk	SA：GE 0/0/1

续表

设备名称 （型号）	接口	IP 地址/子网掩码	默认网关	接口属性	对端设备及接口
S2 （S3700）	E 0/0/1	—	—	Access	PC4：E 0/0/1
	E 0/0/2	—	—	Access	预留机位
	E 0/0/3	—	—	Access	预留机位
	E 0/0/4	—	—	Access	PC5：E 0/0/1
	E 0/0/5	—	—	Access	预留机位
	E 0/0/6	—	—	Access	预留机位
	E 0/0/7	—	—	Access	PC6：E 0/0/1
	E 0/0/8	—	—	Access	预留机位
	E 0/0/9	—	—	Access	预留机位
	E 0/0/21	—	—	Trunk	S1：E 0/0/21
	E 0/0/22	—	—	Trunk	S1：E 0/0/22
	GE 0/0/1	—	—	Trunk	SA：GE 0/0/2
PC1	E 0/0/1	自动获取	自动获取	—	S1：E 0/0/1
PC2	E 0/0/1	自动获取	自动获取	—	S1：E 0/0/4
PC3	E 0/0/1	自动获取	自动获取	—	S1：E 0/0/7
PC4	E 0/0/1	自动获取	自动获取	—	S2：E 0/0/1
PC5	E 0/0/1	自动获取	自动获取	—	S2：E 0/0/4
PC6	E 0/0/1	自动获取	自动获取	—	S2：E 0/0/7

（3）VLAN 规划如表 2.2 所示。

表 2.2　VLAN 规划

VLAN ID	VLANIF 地址	包含设备	备注
1	172.16.1.254/24	S1、S2、SA	管理网段
10	172.16.10.254/24	PC1、PC4	行政部网段
20	172.16.20.254/24	PC2、PC5	IT 部网段
30	172.16.30.254/24	PC3、PC6	事业部网段
100	172.16.100.254/24	R	SA 与 R 之间进行通信的网段

（4）在交换机 S1、S2 上配置链路聚合，增加网络带宽。

（5）在交换机 S1、S2 和 SA 上配置 RSTP，保障在发生网络通信故障时有备份链路。

（6）在交换机 SA 上配置 DHCP 服务，配置地址池，并且保留地址，使对应的计算机获得相应的 IPv4 地址。

（7）在交换机 SA 和路由器 R 上配置路由，保证局域网的连通性。

（8）在路由器 R 上配置 Easy IP，保证局域网用户可以正常访问互联网（可以 Ping 通路由器 ISP）。

📍 项目实施

参照图 2.1 搭建网络拓扑结构，连接网络设备，开启所有设备的电源。

1．网络设备的基础配置

（1）交换机 S1 的基础配置如下：

```
<Huawei>undo terminal monitor              //取消干扰消息
Info: Current terminal monitor is off.
<Huawei>system-view
Enter system view, return user view with Ctrl+Z.
[Huawei]sysname S1
[S1]vlan batch 10 20 30                     //批量创建 VLAN
Info: This operation may take a few seconds. Please wait for a
moment...done.
[S1]port-group 1                            //创建端口组 1
[S1-port-group-1]group-member Ethernet 0/0/1 to Ethernet 0/0/3
                                            //将相关端口加入端口组 1
[S1-port-group-1]port link-type access
[S1-port-group-1]port default vlan 10
[S1-port-group-1]quit
[S1]port-group 2
[S1-port-group-2]group-member Ethernet 0/0/4 to Ethernet 0/0/6
[S1-port-group-2]port link-type access
[S1-port-group-2]port default vlan 20
[S1-port-group-2]quit
[S1]port-group 3
[S1-port-group-3]group-member Ethernet 0/0/7 to Ethernet 0/0/9
[S1-port-group-3]port link-type access
```

```
[S1-port-group-3]port default vlan 30

[S1-port-group-3]quit

[S1]interface eth-trunk 1                        //配置链路聚合

[S1-Eth-Trunk1]trunkport Ethernet 0/0/21 to 0/0/22

Info: This operation may take a few seconds. Please wait for a
moment...done.

[S1-Eth-Trunk1]port link-type trunk

[S1-Eth-Trunk1]port trunk allow-pass vlan 10 20 30

[S1-Eth-Trunk1]quit

[S1]interface GigabitEthernet 0/0/1

[S1-GigabitEthernet0/0/1]port link-type trunk

[S1-GigabitEthernet0/0/1]port trunk allow-pass vlan 10 20 30

[S1-GigabitEthernet0/0/1]quit

[S1]
```

（2）交换机 S2 的基础配置如下：

```
<Huawei>undo terminal monitor

Info: Current terminal monitor is off.

<Huawei>system-view

Enter system view, return user view with Ctrl+Z.

[Huawei]sysname S2

[S2]vlan batch 10 20 30

Info: This operation may take a few seconds. Please wait for a
moment...done.

[S2]port-group 1

[S2-port-group-1]group-member Ethernet 0/0/1 to Ethernet 0/0/3

[S2-port-group-1]port link-type access

[S2-port-group-1]port default vlan 10

[S2-port-group-1]quit

[S2]port-group 2

[S2-port-group-2]group-member Ethernet 0/0/4 to Ethernet 0/0/6

[S2-port-group-2]port link-type access

[S2-port-group-2]port default vlan 20

[S2-port-group-2]quit
```

```
[S2]port-group 3
[S2-port-group-3]group-member Ethernet 0/0/7 to Ethernet 0/0/9
[S2-port-group-3]port link-type access
[S2-port-group-3]port default vlan 30
[S2-port-group-3]quit
[S2]interface eth-trunk 1                    //配置链路聚合
[S2-Eth-Trunk1]trunkport Ethernet 0/0/21 to 0/0/22
Info: This operation may take a few seconds. Please wait for a
moment...done.
[S2-Eth-Trunk1]port link-type trunk
[S2-Eth-Trunk1]port trunk allow-pass vlan 10 20 30
[S2-Eth-Trunk1]quit
[S2]interface GigabitEthernet 0/0/1
[S2-GigabitEthernet0/0/1]port link-type trunk
[S2-GigabitEthernet0/0/1]port trunk allow-pass vlan 10 20 30
[S2-GigabitEthernet0/0/1]quit
[S2]
```

（3）交换机 SA 的基础配置如下：

```
<Huawei>undo terminal monitor
Info: Current terminal monitor is off.
<Huawei>system-view
[Huawei]sysname SA
[SA]vlan batch 10 20 30 100
Info: This operation may take a few seconds. Please wait for a
moment...done.
[SA]
[SA]interface GigabitEthernet 0/0/1
[SA-GigabitEthernet0/0/1]port link-type trunk
[SA-GigabitEthernet0/0/1]port trunk allow-pass vlan 10 20 30
[SA-GigabitEthernet0/0/1]quit
[SA]interface GigabitEthernet 0/0/2
[SA-GigabitEthernet0/0/2]port link-type trunk
[SA-GigabitEthernet0/0/2]port trunk allow-pass vlan 10 20 30
```

```
[SA-GigabitEthernet0/0/2]quit
[SA]interface GigabitEthernet 0/0/24
[SA-GigabitEthernet0/0/24]port link-type access
[SA-GigabitEthernet0/0/24]port default vlan 100
[SA-GigabitEthernet0/0/24]quit
[SA]interface Vlanif 10
[SA-Vlanif10]ip address 172.16.10.254 24
[SA-Vlanif10]quit
[SA]interface Vlanif 20
[SA-Vlanif20]ip address 172.16.20.254 24
[SA-Vlanif20]quit
[SA]interface Vlanif 30
[SA-Vlanif30]ip address 172.16.30.254 24
[SA-Vlanif30]quit
[SA]interface Vlanif 100
[SA-Vlanif100]ip address 172.16.100.254 24
[SA-Vlanif100]quit
[SA]ip route-static 0.0.0.0 0 172.16.100.1  //配置默认路由
[SA]
```

（4）路由器 R 的基础配置如下：

```
<Huawei>undo terminal monitor
Info: Current terminal monitor is off.
<Huawei>system-view
Enter system view, return user view with Ctrl+Z.
[Huawei]sysname R
[R]interface GigabitEthernet 0/0/0
[R-GigabitEthernet0/0/0]ip address 172.16.100.1 24
[R-GigabitEthernet0/0/0]quit
[R]interface GigabitEthernet 0/0/1
[R-GigabitEthernet0/0/1]ip address 100.100.100.1 30
[R-GigabitEthernet0/0/1]quit
[R]ip route-static 0.0.0.0 0 100.100.100.2  //配置默认路由
[R]ip route-static 172.16.0.0 16 172.16.100.254
```

```
                                            //配置回指172.16.0.0的路由
[R]quit

<R>save
```

（5）路由器 ISP 的基础配置如下：

```
<Huawei>undo terminal monitor

Info: Current terminal monitor is off.

<Huawei>system-view

Enter system view, return user view with Ctrl+Z.

[Huawei]sysname ISP

[ISP]interface GigabitEthernet 0/0/1

[ISP-GigabitEthernet0/0/1]ip address 100.100.100.2 30

[ISP-GigabitEthernet0/0/1]quit

[ISP]quit

<ISP>save
```

（6）PC 的基础配置。

PC1~PC6 的 IPv4 地址是使用 DHCP 服务自动分配的。PC1 的 IPv4 配置如图 2.2 所示。PC2~PC6 的 IPv4 配置参考 PC1 的 IPv4 配置。

图 2.2　PC1 的 IPv4 配置

2．在交换机上配置 RSTP

（1）在交换机 S1 上配置 RSTP，代码如下：

```
[S1]stp enable
```

```
[S1]stp mode rstp                //配置快速生成树协议
Info: This operation may take a few seconds. Please wait for a
moment...done.
[S1]stp priority 32768           //可以不用配置，优先级默认是 32768
[S1]port-group group-member Ethernet 0/0/1 to Ethernet 0/0/9
                                 //创建临时端口组
[S1-port-group]stp edged-port enable
            //配置接口为边缘接口，边缘接口不会接收对端设备发过来的 BPDU
[S1-Ethernet0/0/1]stp edged-port enable
            //这行以下为系统生成的代码，不用配置
[S1-Ethernet0/0/2]stp edged-port enable
[S1-Ethernet0/0/3]stp edged-port enable
[S1-Ethernet0/0/4]stp edged-port enable
[S1-Ethernet0/0/5]stp edged-port enable
[S1-Ethernet0/0/6]stp edged-port enable
[S1-Ethernet0/0/7]stp edged-port enable
[S1-Ethernet0/0/8]stp edged-port enable
[S1-Ethernet0/0/9]stp edged-port enable
```

（2）在交换机 S2 上配置 RSTP，代码如下：

```
[S2]stp enable
[S2]stp mode rstp                //配置快速生成树协议
Info: This operation may take a few seconds. Please wait for a
moment...done.
[S2]stp priority 32768           //可以不用配置，优先级默认是 32768
[S2]port-group group-member Ethernet 0/0/1 to Ethernet 0/0/9
                                 //创建临时端口组
[S2-port-group]stp edged-port enable
[S2-Ethernet0/0/1]stp edged-port enable
                                 //这行以下为系统生成的代码，不用配置
[S2-Ethernet0/0/2]stp edged-port enable
[S2-Ethernet0/0/3]stp edged-port enable
[S2-Ethernet0/0/4]stp edged-port enable
[S2-Ethernet0/0/5]stp edged-port enable
[S2-Ethernet0/0/6]stp edged-port enable
[S2-Ethernet0/0/7]stp edged-port enable
```

```
[S2-Ethernet0/0/8]stp edged-port enable
[S2-Ethernet0/0/9]stp edged-port enable
```

（3）在交换机 SA 上配置 RSTP，代码如下：

```
[SA]stp enable
[SA]stp mode rstp                    //配置快速生成树协议
Info: This operation may take a few seconds. Please wait for a
moment...done.
[SA]stp priority 4096                //配置交换机 SA 为根交换机
```

（4）查看 RSTP 的运行状态。

分别在交换机 SA、S1、S2 上执行 display stp brief 命令，查看相应的 RSTP 的运行状态，结果分别如图 2.3、图 2.4、图 2.5 所示。通过查看 RSTP 的运行状态，可以发现 RSTP 运行成功，环路已断。

```
[SA]display stp brief
MSTID  Port                    Role   STP State    Protection
  0    GigabitEthernet0/0/1    DESI   FORWARDING   NONE
  0    GigabitEthernet0/0/2    DESI   FORWARDING   NONE
  0    GigabitEthernet0/0/24   DESI   FORWARDING   NONE
```

图 2.3　查看交换机 SA 的 RSTP 的运行状态

```
[S1]display stp brief
MSTID  Port                    Role   STP State    Protection
  0    Ethernet0/0/1           DESI   FORWARDING   NONE
  0    Ethernet0/0/4           DESI   FORWARDING   NONE
  0    Ethernet0/0/7           DESI   FORWARDING   NONE
  0    GigabitEthernet0/0/1    ROOT   FORWARDING   NONE
  0    Eth-Trunk1              ALTE   DISCARDING   NONE
```

图 2.4　查看交换机 S1 的 RSTP 的运行状态

```
[S2]display stp brief
MSTID  Port                    Role   STP State    Protection
  0    Ethernet0/0/1           DESI   FORWARDING   NONE
  0    Ethernet0/0/4           DESI   FORWARDING   NONE
  0    Ethernet0/0/7           DESI   FORWARDING   NONE
  0    GigabitEthernet0/0/1    ROOT   FORWARDING   NONE
  0    Eth-Trunk1              DESI   FORWARDING   NONE
```

图 2.5　查看交换机 S2 的 RSTP 的运行状态

3．在交换机 SA 上配置 DHCP 服务

在交换机 SA 上配置 DHCP 服务，代码如下：

```
[SA]dhcp enable                              //开启 DHCP 功能
Info: The operation may take a few seconds. Please wait for a
moment.done.
[SA]ip pool vlan10
```

```
Info:It's successful to create an IP address pool.
[SA-ip-pool-vlan10]network 172.16.10.0 mask 255.255.255.0
[SA-ip-pool-vlan10]lease day 3
[SA-ip-pool-vlan10]excluded-ip-address 172.16.10.201 172.16.10.253
[SA-ip-pool-vlan10]gateway-list 172.16.10.254
[SA-ip-pool-vlan10]dns-list 114.114.114.114
[SA-ip-pool-vlan10]quit
[SA]ip pool vlan20
Info:It's successful to create an IP address pool.
[SA-ip-pool-vlan20]network 172.16.20.0 mask 255.255.255.0
[SA-ip-pool-vlan20]lease day 3
[SA-ip-pool-vlan20]excluded-ip-address 172.16.20.201 172.16.20.253
[SA-ip-pool-vlan20]gateway-list 172.16.20.254
[SA-ip-pool-vlan20]dns-list 114.114.114.114
[SA-ip-pool-vlan20]quit
[SA]ip pool vlan30
Info:It's successful to create an IP address pool.
[SA-ip-pool-vlan30]network 172.16.30.0 mask 255.255.255.0
[SA-ip-pool-vlan30]lease day 3
[SA-ip-pool-vlan30]excluded-ip-address 172.16.30.201 172.16.30.253
[SA-ip-pool-vlan30]gateway-list 172.16.30.254
[SA-ip-pool-vlan30]dns-list 114.114.114.114
[SA-ip-pool-vlan30]quit
[SA]interface Vlanif 10
[SA-Vlanif10]dhcp select global
[SA-Vlanif10]quit
[SA]interface Vlanif 20
[SA-Vlanif20]dhcp select global
[SA-Vlanif20]quit
[SA]interface Vlanif 30
[SA-Vlanif30]dhcp select global
[SA-Vlanif30]quit
[SA]quit
<SA>save
```

在完成 DHCP 服务的配置后，PC1～PC6 就可以自动获取 IPv4 地址了。双击 PC1，打开"PC1"窗口，选择"命令行"选项卡，输入命令"ipconfig"，即可查看 PC1 的 IPv4 地址，如图 2.6 所示。PC2～PC6 的 IPv4 地址查看方法参考 PC1 的 IPv4 地址查看方法。

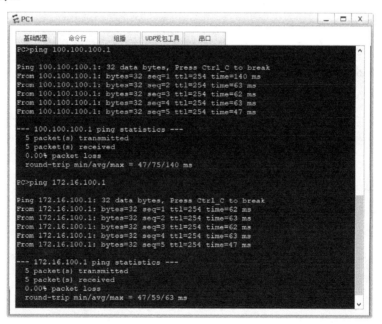

图 2.6 查看 PC1 的 IPv4 地址

PC1 在获取 IPv4 地址后，就可以 Ping 通 100.100.100.1 和 172.16.100.1 了，如图 2.7 所示。

图 2.7 PC1 Ping 通 100.100.100.1 和 172.16.100.1

4．在路由器 R 上配置 Easy IP

在路由器 R 上配置 Easy IP，代码如下：

```
[R]acl 2000
[R-acl-basic-2000]rule 5 permit source 172.16.0.0 0.0.255.255
```

```
[R-acl-basic-2000]quit
[R]interface GigabitEthernet 0/0/1
[R-Serial1/0/0]nat outbound 2000
[R-Serial1/0/0]quit
[R]
```

在完成 Easy IP 的配置后，PC1 就可以正常访问互联网了，即 PC1 可以 Ping 通 100.100.100.2 了，如图 2.8 所示。

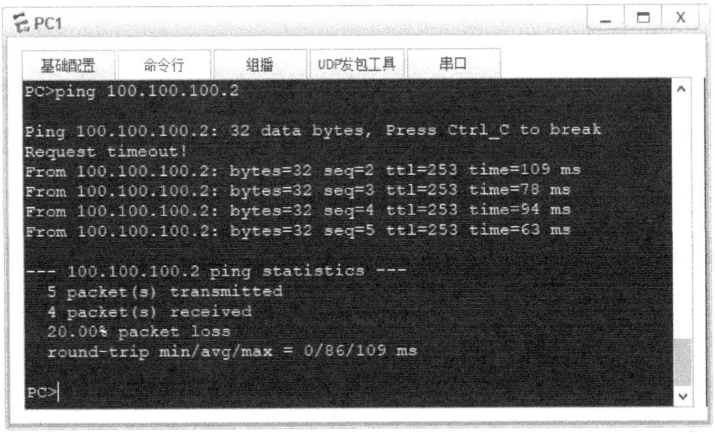

图 2.8　PC1 Ping 通 100.100.100.2

项目拓展

　　本项目中的 VLAN1 主要用作网络设备管理 VLAN。在下面书写网络设备管理 VLAN 的配置思路及主要命令，具体实现命令可以参考项目 1 中的相关知识。如果学有余力，那么在本项目中完成网络设备管理配置，方便日后进行远程管理。

_____

_____

_____

_____

_____

_____

_____

📋 项目验收

（1）使用 ipconfig 命令查看 PC1～PC6 的 IPv4 地址。

（2）使用 ping 命令测试 PC1 与路由器 R 之间的连通性。

（3）在交换机 S1、S2 上执行 display stp brief 命令，查看相应的 RSTP 的运行状态。

（4）在交换机 S1、S2 上执行 display eth-trunk 1 命令，查看链路聚合组 1 的相关信息。

（5）在交换机 S1 上执行 display stp brief 命令，查看相应的 RSTP 的运行状态；断开交换机 SA 与 S1 之间的连接，在交换机 S1 上执行 display stp brief 命令，重新查看相应的 RSTP 的运行状态。对比断开连接前后 RSTP 的运行状态，然后解释产生差异的原因。

（6）使用 ping 命令测试 PC1 与路由器 ISP 之间的连通性。

📟 项目评价

本项目的自我评价如表 2.3 所示。

表 2.3　本项目的自我评价

序号	自评内容	佐证内容	达标	未达标
1	DHCP 服务配置	PC1～PC6 能够正常获取 IPv4 地址		
2	链路聚合配置	在交换机 S1、S2 上执行 display eth-trunk 1 命令，查看链路聚合组 1 的相关信息		
3	RSTP 配置	在交换机 S1、S2 上执行 display stp brief 命令，查看相应的 RSTP 的运行状态		
4	局域网通信情况	PC1 可以 Ping 通路由器 R、ISP		
5	项目综合完成情况	通过学习和练习，能够完成整个项目，并且能够清晰地介绍项目完成过程		

📖 项目小结

本项目包含路由器、交换机的基础配置，交换机的链路聚合配置、DHCP 服务配置和 RSTP 配置，使读者理解中小型局域网的相关知识，有助于读者未来自主搭建中小型局域网。

　　将自己的学习心得写在下面。

_____

_____

_____

_____

_____

_____

_____

项目 3　基于三层网络结构的局域网

项目背景

假设你担任某个网络技术公司的网络工程师职务，公司承接了某个大型企业的网络搭建项目，并且决定由你负责该项目。经过现场勘测，并且与客户进行了充分交流，你建议采用层次化架构的三层网络模型搭建该网络。

假设现在该项目方案已经得到客户的认可，公司让你继续负责该网络的搭建工作。

项目要求

（1）基于三层网络结构的局域网的网络拓扑图如图 3.1 所示（在本图中，使用 GE 表示 GigabitEthernet）。

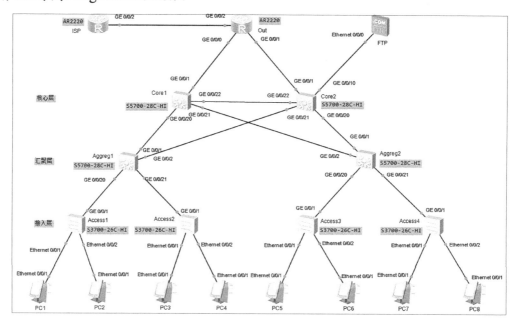

图 3.1　基于三层网络结构的局域网的网络拓扑图

（2）PC1、PC2 位于行政部，PC3、PC4 位于 IT 部，PC5、PC6 位于事业部，

PC7、PC8 在市场部；Access1、Access2、Access3、Access4 是接入层交换机，Aggreg1、Aggreg2 是汇聚层交换机，Core1、Core2 是核心层交换机；FTP 服务器主要用于存储公司的共享文件；Out 是网络出口路由器，ISP 是运营商接入路由器。设备说明如表 3.1 所示（在本表中，使用 GE 表示 GigabitEthernet，使用 E 表示 Ethernet）。

表 3.1　设备说明

设备名称（型号）	接口	IP 地址/子网掩码	默认网关	接口属性	对端设备及接口
ISP（AR2220）	GE 0/0/2	100.100.100.2/30	—	—	Out：GE 0/0/2
Out（AR2220）	GE 0/0/2	100.100.100.1/30	100.100.100.2	—	ISP：GE 0/0/2
	GE 0/0/1	172.16.207.1/24	—	—	Core2：GE 0/0/1
	GE 0/0/0	172.16.206.1/24	—	—	Core1：GE 0/0/1
Core1（S5700）	GE 0/0/1	—	—	Access	Out：GE 0/0/0
	GE 0/0/20	—	—	Access	Aggreg1：GE 0/0/1
	GE 0/0/21	—	—	Access	Aggreg2：GE 0/0/2
	GE 0/0/22	—	—	Access	Core2：GE 0/0/22
	VLANIF 201	172.16.201.254/24	—	—	—
	VLANIF 204	172.16.204.254/24	—	—	—
	VLANIF 205	172.16.205.254/24	172.16.205.1	—	—
	VLANIF 206	172.16.206.254/24	172.16.206.1	—	—
Core2（S5700）	GE 0/0/1	—	—	Access	Out：GE 0/0/1
	GE 0/0/10	—	—	Access	FTP：E 0/0/0
	GE 0/0/20	—	—	Access	Aggreg2：GE 0/0/1
	GE 0/0/21	—	—	Access	Aggreg1：GE 0/0/2
	GE 0/0/22	—	—	Access	Core1：GE 0/0/22
	VLANIF 100	172.16.100.254/24	—	—	—
	VLANIF 202	172.16.202.254/24	—	—	—
	VLANIF 203	172.16.203.254/24	—	—	—
	VLANIF 205	172.16.205.1/24	172.16.205.254	—	—
	VLANIF 207	172.16.207.254/24	172.16.207.1	—	—

续表

设备名称 （型号）	接口	IP 地址/子网掩码	默认网关	接口属性	对端设备及接口
Aggreg1 （S5700）	GE 0/0/1	—	—	Access	Core1：GE 0/0/20
	GE 0/0/2	—	—	Access	Core2：GE 0/0/21
	GE 0/0/20	—	—	Trunk	Access1：GE 0/0/1
	GE 0/0/21	—	—	Trunk	Access2：GE 0/0/1
	VLANIF 10	172.16.10.254/24	—	—	—
	VLANIF 20	172.16.20.254/24	—	—	—
	VLANIF 201	172.16.201.1/24	172.16.201.254	—	—
	VLANIF 202	172.16.202.1/24	172.16.202.254	—	—
Aggreg2 （S5700）	GE 0/0/1	—	—	Access	Core2：GE 0/0/20
	GE 0/0/2	—	—	Access	Core1：GE 0/0/21
	GE 0/0/20	—	—	Trunk	Access3：GE 0/0/1
	GE 0/0/21	—	—	Trunk	Access4：GE 0/0/1
	VLANIF 30	172.16.30.254/24	—	—	—
	VLANIF 40	172.16.40.254/24	—	—	—
	VLANIF 203	172.16.203.1/24	172.16.203.254	—	—
	VLANIF 204	172.16.204.1/24	172.16.204.254	—	—
Access1 （S3700）	GE 0/0/1	—	—	Trunk	Aggreg1：GE 0/0/20
	E 0/0/1	—	—	Access	PC1：E 0/0/1
	E 0/0/2	—	—	Access	PC2：E 0/0/1
Access2 （S3700）	GE 0/0/1	—	—	Trunk	Aggreg1：GE 0/0/21
	E 0/0/1	—	—	Access	PC3：E 0/0/1
	E 0/0/2	—	—	Access	PC4：E 0/0/1
Access3 （S3700）	GE 0/0/1	—	—	Trunk	Aggreg2：GE 0/0/20
	E 0/0/1	—	—	Access	PC5：E 0/0/1
	E 0/0/2	—	—	Access	PC6：E 0/0/1

续表

设备名称 （型号）	接口	IP 地址/子网掩码	默认网关	接口属性	对端设备及接口
Access4 （S3700）	GE 0/0/1	—	—	Trunk	Aggreg2：GE 0/0/21
	E 0/0/1	—	—	Access	PC7：E 0/0/1
	E 0/0/2	—	—	Access	PC8：E 0/0/1
FTP （Server）	E 0/0/0	172.16.100.1/24	172.16.100.254	—	Core2：GE 0/0/10
PC1	E 0/0/1	自动获取	自动获取	—	Access1：E 0/0/1
PC2	E 0/0/1	自动获取	自动获取	—	Access1：E 0/0/2
PC3	E 0/0/1	自动获取	自动获取	—	Access2：E 0/0/1
PC4	E 0/0/1	自动获取	自动获取	—	Access2：E 0/0/2
PC5	E 0/0/1	自动获取	自动获取	—	Access3：E 0/0/1
PC6	E 0/0/1	自动获取	自动获取	—	Access3：E 0/0/2
PC7	E 0/0/1	自动获取	自动获取	—	Access4：E 0/0/1
PC8	E 0/0/1	自动获取	自动获取	—	Access4：E 0/0/2

（3）VLAN 规划如表 3.2 所示。

表 3.2   VLAN 规划

VLAN ID	VLANIF 地址	包含设备	备注
1	172.16.1.254/24	所有交换机	管理网段
10	172.16.10.254/24	PC1、PC2	行政部网段
20	172.16.20.254/24	PC3、PC4	IT 部网段
30	172.16.30.254/24	PC5、PC6	事业部网段
40	172.16.40.254/24	PC7、PC8	市场部网段
100	172.16.100.254/24	FTP	服务器网段
201	Core1:172.16.201.254/24 Aggreg1:172.16.201.1/24	Core1、 Aggreg1	Aggreg1 与核心层主通信网段
202	Core2:172.16.202.254/24 Aggreg1:172.16.202.1/24	Core2、 Aggreg1	Aggreg1 与核心层备用通信网段
203	Core2:172.16.203.254/24 Aggreg1:172.16.203.1/24	Core2、 Aggreg2	Aggreg2 与核心层主通信网段
204	Core2:172.16.204.254/24 Aggreg1:172.16.204.1/24	Core1、 Aggreg2	Aggreg2 与核心层备用通信网段

续表

VLAN ID	VLANIF 地址	包含设备	备注
205	Core1:172.16.205.254/24 Core2:172.16.205.1/24	Core1、Core2	Core1 与 Core2 之间进行通信的网段
206	172.16.206.254/24	Out	Core1 与 Out 之间进行通信的网段
207	172.16.207.254/24	Out	Core2 与 Out 之间进行通信的网段

（4）在交换机 Access1、Access2、Access3、Access4 上配置 VLAN，保证计算机接入局域网；在交换机 Aggreg1、Aggreg2 上配置网关，保证 VLAN 之间通信正常。

（5）在交换机 Aggreg1、Aggreg2、Core1、Core2 和路由器 Out 上配置 OSPF协议及静态路由，保证网络的连通性。

（6）在交换机 Aggreg1、Aggreg2 上配置 DHCP 服务，实现双机热备，为计算机分配 IPv4 地址；在交换机 Aggreg1 上配置访问控制列表，禁止行政部员工使用 FTP 服务。

（7）在路由器 Out 上配置动态 NAPT，保证局域网用户可以正常访问互联网（可以 Ping 通路由器 ISP）。

🖈 项目实施

参照图 3.1 搭建网络拓扑结构，连接网络设备，开启所有设备的电源。

1．网络设备的基础配置

（1）交换机 Access1 的基础配置如下：

```
<Huawei>undo terminal monitor
Info: Current terminal monitor is off.
<Huawei>system-view
Enter system view, return user view with Ctrl+Z.
[Huawei]sysname Access1
[Access1]vlan 10
Info: This operation may take a few seconds. Please wait for a
moment...done.
 [Access1]port-group 1
```

```
[Access1-port-group-1]group-member Ethernet 0/0/1 to Ethernet 0/0/2

[Access1-port-group-1]port link-type access

[Access1-port-group-1]port default vlan 10

[Access1-port-group-1]quit

[Access1]

[Access1]interface GigabitEthernet 0/0/1

[Access1-GigabitEthernet0/0/1]port link-type trunk

[Access1-GigabitEthernet0/0/1]port trunk allow-pass vlan 1 10

[Access1-GigabitEthernet0/0/1]quit

[Access1]quit

<Access1>save
```

（2）交换机 Access2 的基础配置如下：

```
<Huawei>undo terminal monitor

Info: Current terminal monitor is off.

<Huawei>system-view

Enter system view, return user view with Ctrl+Z.

[Huawei]sysname Access2

[Access2]vlan 20

[Access2-vlan20]port-group 1

[Access2-port-group-1]group-member Ethernet 0/0/1 to Ethernet 0/0/2

[Access2-port-group-1]port link-type access

[Access2-port-group-1]port default vlan 20

[Access2-port-group-1]quit

[Access2]

[Access2]interface GigabitEthernet 0/0/1

[Access2-GigabitEthernet0/0/1]port link-type trunk

[Access2-GigabitEthernet0/0/1]port trunk allow-pass vlan 1 20

[Access2-GigabitEthernet0/0/1]quit

[Access2]quit

<Access2>save
```

（3）交换机 Access3 的基础配置如下：

```
<Huawei>undo terminal monitor

Info: Current terminal monitor is off.
```

```
<Huawei>system-view
[Huawei]sysname Access3
[Access3]vlan 30
[Access3-vlan30]port-group 1
[Access3-port-group-1]group-member Ethernet 0/0/1 to Ethernet 0/0/2
[Access3-port-group-1]port link-type access
[Access3-port-group-1]port default vlan 30
[Access3-port-group-1]quit
[Access3]
[Access3]interface GigabitEthernet 0/0/1
[Access3-GigabitEthernet0/0/1]port link-type trunk
[Access3-GigabitEthernet0/0/1]port trunk allow-pass vlan 1 30
[Access3-GigabitEthernet0/0/1]quit
[Access3]quit
<Access3>save
```

（4）交换机 Access4 的基础配置如下：

```
<Huawei>undo terminal monitor
Info: Current terminal monitor is off.
<Huawei>system-view
Enter system view, return user view with Ctrl+Z.
[Huawei]sysname Access4
[Access4]vlan 40
[Access4-vlan40]port-group 1
[Access4-port-group-1]group-member Ethernet 0/0/1 to Ethernet 0/0/2
[Access4-port-group-1]port link-type access
[Access4-port-group-1]port default vlan 40
[Access4-port-group-1]quit
[Access4]
[Access4]interface GigabitEthernet 0/0/1
[Access4-GigabitEthernet0/0/1]port link-type trunk
[Access4-GigabitEthernet0/0/1]port trunk allow-pass vlan 1 40
[Access4-GigabitEthernet0/0/1]quit
[Access4]quit
```

```
<Access4>save
```

（5）交换机 Aggreg1 的基础配置如下：

```
<Huawei>undo terminal monitor

Info: Current terminal monitor is off.

<Huawei>system-view

Enter system view, return user view with Ctrl+Z.

[Huawei]sysname Aggreg1

[Aggreg1]vlan batch 10 20 201 202

Info: This operation may take a few seconds. Please wait for a
moment...done.

[Aggreg1]

[Aggreg1]interface GigabitEthernet 0/0/20

[Aggreg1-GigabitEthernet0/0/20]port link-type trunk

[Aggreg1-GigabitEthernet0/0/20]port trunk allow-pass vlan 1 10

[Aggreg1-GigabitEthernet0/0/20]quit

[Aggreg1]interface GigabitEthernet 0/0/21

[Aggreg1-GigabitEthernet0/0/21]port link-type trunk

[Aggreg1-GigabitEthernet0/0/21]port trunk allow-pass vlan 1 20

[Aggreg1-GigabitEthernet0/0/21]quit

[Aggreg1]interface GigabitEthernet 0/0/1

[Aggreg1-GigabitEthernet0/0/1]port link-type access

[Aggreg1-GigabitEthernet0/0/1]port default vlan 201

[Aggreg1-GigabitEthernet0/0/1]quit

[Aggreg1]interface GigabitEthernet 0/0/2

[Aggreg1-GigabitEthernet0/0/2]port link-type access

[Aggreg1-GigabitEthernet0/0/2]port default vlan 202

[Aggreg1-GigabitEthernet0/0/2]quit

[Aggreg1]interface Vlanif 10

[Aggreg1-Vlanif10]ip address 172.16.10.254 24

[Aggreg1-Vlanif10]quit

[Aggreg1]interface Vlanif 20

[Aggreg1-Vlanif20]ip address 172.16.20.254 24

[Aggreg1-Vlanif20]quit
```

```
[Aggreg1]interface Vlanif 201

[Aggreg1-Vlanif201]ip address 172.16.201.1 24

[Aggreg1-Vlanif201]quit

[Aggreg1]interface Vlanif 202

[Aggreg1-Vlanif202]ip address 172.16.202.1 24

[Aggreg1-Vlanif202]quit

[Aggreg1]
```

（6）交换机 Aggreg2 的基础配置如下：

```
<Huawei>undo terminal monitor

Info: Current terminal monitor is off.

<Huawei>system-view

Enter system view, return user view with Ctrl+Z.

[Huawei]sysname Aggreg2

[Aggreg2]vlan batch 30 40 203 204

Info: This operation may take a few seconds. Please wait for a
moment...done.

[Aggreg2]

[Aggreg2]interface GigabitEthernet 0/0/20

[Aggreg2-GigabitEthernet0/0/20]port link-type trunk

[Aggreg2-GigabitEthernet0/0/20]port trunk allow-pass vlan 1 30

[Aggreg2-GigabitEthernet0/0/20]quit

[Aggreg2]interface GigabitEthernet 0/0/21

[Aggreg2-GigabitEthernet0/0/21]port link-type trunk

[Aggreg2-GigabitEthernet0/0/21]port trunk allow-pass vlan 1 40

[Aggreg2-GigabitEthernet0/0/21]quit

[Aggreg2]interface GigabitEthernet 0/0/1

[Aggreg2-GigabitEthernet0/0/1]port link-type access

[Aggreg2-GigabitEthernet0/0/1]port default vlan 203

[Aggreg2-GigabitEthernet0/0/1]quit

[Aggreg2]interface GigabitEthernet 0/0/2

[Aggreg2-GigabitEthernet0/0/2]port link-type access

[Aggreg2-GigabitEthernet0/0/2]port default vlan 204

[Aggreg2-GigabitEthernet0/0/2]quit
```

```
[Aggreg2]interface Vlanif 30

[Aggreg2-Vlanif30]ip address 172.16.30.254 24

[Aggreg2-Vlanif30]quit

[Aggreg2]interface Vlanif 40

[Aggreg2-Vlanif40]ip address 172.16.40.254 24

[Aggreg2-Vlanif40]quit

[Aggreg2]interface Vlanif 203

[Aggreg2-Vlanif203]ip address 172.16.203.1 24

[Aggreg2-Vlanif203]quit

[Aggreg2]interface Vlanif 204

[Aggreg2-Vlanif204]ip address 172.16.204.1 24

[Aggreg2-Vlanif204]quit

[Aggreg2]
```

（7）交换机 Core1 的基础配置如下：

```
<Huawei>undo terminal monitor

Info: Current terminal monitor is off.

<Huawei>system-view

Enter system view, return user view with Ctrl+Z.

[Huawei]sysname Core1

[Core1]vlan batch 201 204 205 206

Info: This operation may take a few seconds. Please wait for a

moment...done.

[Core1]interface GigabitEthernet 0/0/20

[Core1-GigabitEthernet0/0/20]port link-type access

[Core1-GigabitEthernet0/0/20]port default vlan 201

[Core1-GigabitEthernet0/0/20]quit

[Core1]interface GigabitEthernet 0/0/21

[Core1-GigabitEthernet0/0/21]port link-type access

[Core1-GigabitEthernet0/0/21]port default vlan 204

[Core1-GigabitEthernet0/0/21]quit

[Core1]interface GigabitEthernet 0/0/22

[Core1-GigabitEthernet0/0/22]port link-type access

[Core1-GigabitEthernet0/0/22]port default vlan 205
```

```
[Core1-GigabitEthernet0/0/22]quit

[Core1]interface GigabitEthernet 0/0/1

[Core1-GigabitEthernet0/0/1]port link-type access

[Core1-GigabitEthernet0/0/1]port default vlan 206

[Core1-GigabitEthernet0/0/1]quit

[Core1]interface Vlanif 201

[Core1-Vlanif201]ip address 172.16.201.254 24

[Core1-Vlanif201]quit

[Core1]interface Vlanif 204

[Core1-Vlanif204]ip address 172.16.204.254 24

[Core1-Vlanif204]quit

[Core1]interface Vlanif 205

[Core1-Vlanif205]ip address 172.16.205.254 24

[Core1-Vlanif205]quit

[Core1]interface Vlanif 206

[Core1-Vlanif206]ip address 172.16.206.254 24

[Core1-Vlanif206]quit

[Core1]
```

（8）交换机 Core2 的基础配置如下：

```
<Huawei>undo terminal monitor

Info: Current terminal monitor is off.

<Huawei>system-view

Enter system view, return user view with Ctrl+Z.

[Huawei]sysname Core2

[Core2]vlan batch 100 202 203 205 207

Info: This operation may take a few seconds. Please wait for a
moment...done.

[Core2]interface GigabitEthernet 0/0/20

[Core2-GigabitEthernet0/0/20]port link-type access

[Core2-GigabitEthernet0/0/20]port default vlan 203

[Core2-GigabitEthernet0/0/20]quit

[Core2]interface GigabitEthernet 0/0/21

[Core2-GigabitEthernet0/0/21]port link-type access
```

```
[Core2-GigabitEthernet0/0/21]port default vlan 202

[Core2-GigabitEthernet0/0/21]quit

[Core2]interface GigabitEthernet 0/0/22

[Core2-GigabitEthernet0/0/22]port link-type access

[Core2-GigabitEthernet0/0/22]port default vlan 205

[Core2-GigabitEthernet0/0/22]quit

[Core2]interface GigabitEthernet 0/0/1

[Core2-GigabitEthernet0/0/1]port link-type access

[Core2-GigabitEthernet0/0/1]port default vlan 207

[Core2-GigabitEthernet0/0/1]quit

[Core2]interface GigabitEthernet 0/0/10

[Core2-GigabitEthernet0/0/10]port link-type access

[Core2-GigabitEthernet0/0/10]port default vlan 100

[Core2-GigabitEthernet0/0/10]quit

[Core2]interface Vlanif 100

[Core2-Vlanif100]ip address 172.16.100.254 24

[Core2-Vlanif100]quit

[Core2]interface Vlanif 202

[Core2-Vlanif202]ip address 172.16.202.254 24

[Core2-Vlanif202]quit

[Core2]interface Vlanif 203

[Core2-Vlanif203]ip address 172.16.203.254 24

[Core2-Vlanif203]quit

[Core2]interface Vlanif 205

[Core2-Vlanif205]ip address 172.16.205.1 24

[Core2-Vlanif205]quit

[Core2]interface Vlanif 207

[Core2-Vlanif207]ip address 172.16.207.254 24

[Core2-Vlanif207]quit

[Core2]
```

（9）路由器 Out 的基础配置如下：

```
<Huawei>undo terminal monitor
Info: Current terminal monitor is off.
<Huawei>system-view
Enter system view, return user view with Ctrl+Z.
[Huawei]sysname Out
[Out]interface GigabitEthernet 0/0/2
[Out-GigabitEthernet0/0/2]ip address 100.100.100.1 30
[Out-GigabitEthernet0/0/2]quit
[Out]interface GigabitEthernet 0/0/1
[Out-GigabitEthernet0/0/1]ip address 172.16.207.1 24
[Out-GigabitEthernet0/0/1]quit
[Out]interface GigabitEthernet 0/0/0
[Out-GigabitEthernet0/0/2]ip address 172.16.206.1 24
[Out-GigabitEthernet0/0/2]quit
[Out]
```

（10）路由器 ISP 的基础配置如下：

```
<Huawei>undo terminal monitor
Info: Current terminal monitor is off.
<Huawei>system-view
Enter system view, return user view with Ctrl+Z.
[Huawei]sysname ISP
[ISP]interface GigabitEthernet 0/0/2
[ISP-GigabitEthernet0/0/2]ip address 100.100.100.2 30
[ISP-GigabitEthernet0/0/2]quit
[ISP]quit
<ISP>save
```

2．终端和服务器的基础配置

（1）PC 的基础配置。

PC1～PC8 的 IPv4 地址是使用 DHCP 服务自动分配的。PC1 的 IPv4 配置如图 3.2 所示。PC2～PC8 的 IPv4 配置参考 PC1 的 IPv4 配置。

图 3.2   PC1 的 IPv4 配置

（2）FTP 服务器的基础配置。

服务器的 IP 地址一般都要进行手动配置，如果使用 DHCP 服务自动分配，则可能无法得知服务器确切的 IP 地址。根据项目要求，首先进行 FTP 服务器的 IPv4 配置，如图 3.3 所示；然后进行 FTP 服务器的 FtpServer 配置（FTP 站点配置），设置好"文件根目录"（事先在当前计算机的 D 盘中创建 FTP 文件夹，该文件夹中可以存储若干个文件）并单击"启动"按钮，如图 3.4 所示。

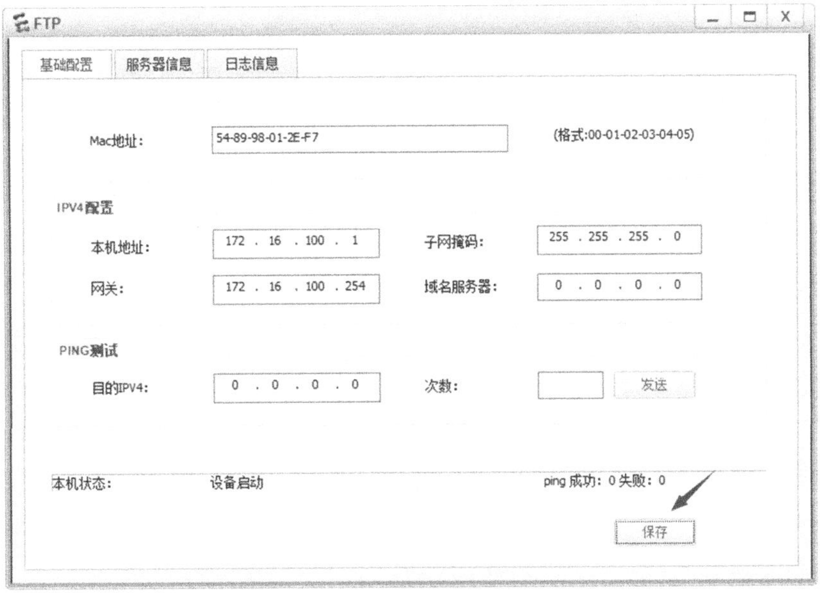

图 3.3   FTP 服务器的 IPv4 配置

图 3.4　FTP 服务器的 FtpServer 配置

在进行以上配置的过程中要认真、仔细，以免发生错误。

3．在交换机、路由器上配置路由协议

（1）在交换机 Aggreg1 上配置路由协议，代码如下：

```
[Aggreg1]ip route-static 0.0.0.0 0 172.16.201.254 preference 5
                          //低于 OSPF 协议的默认优先级 10
[Aggreg1]ip route-static 0.0.0.0 0 172.16.202.254 preference 9
                          //此条为浮动路由，为备份链路
[Aggreg1]ospf 1                          //启用 OSPF 协议
[Aggreg1-ospf-1]area 0
[Aggreg1-ospf-1-area-0.0.0.0]network 172.16.10.0 0.0.0.255
[Aggreg1-ospf-1-area-0.0.0.0]network 172.16.20.0 0.0.0.255
[Aggreg1-ospf-1-area-0.0.0.0]network 172.16.201.0 0.0.0.255
[Aggreg1-ospf-1-area-0.0.0.0]network 172.16.202.0 0.0.0.255
[Aggreg1-ospf-1-area-0.0.0.0]quit
[Aggreg1-ospf-1]import-route static          //引入静态路由
[Aggreg1-ospf-1]quit
[Aggreg1]
```

（2）在交换机 Aggreg2 上配置路由协议，代码如下：

```
[Aggreg2]ip route-static 0.0.0.0 0 172.16.203.254 preference 5
```

```
[Aggreg2]ip route-static 0.0.0.0 0 172.16.204.254 preference 9
[Aggreg2]ospf 1
[Aggreg2-ospf-1]area 0
[Aggreg2-ospf-1-area-0.0.0.0]network 172.16.30.0 0.0.0.255
[Aggreg2-ospf-1-area-0.0.0.0]network 172.16.40.0 0.0.0.255
[Aggreg2-ospf-1-area-0.0.0.0]network 172.16.203.0 0.0.0.255
[Aggreg2-ospf-1-area-0.0.0.0]network 172.16.204.0 0.0.0.255
[Aggreg2-ospf-1-area-0.0.0.0]quit
[Aggreg2-ospf-1]import-route static
[Aggreg2-ospf-1]quit
[Aggreg2]
```

（3）在交换机 Core1 上配置路由协议，代码如下：

```
[Core1]stp disable                       //关闭 STP，避免端口阻断
Warning: The global STP state will be changed. Continue? [Y/N]y
                                          //输入"y"，确定关闭 STP
Info: This operation may take a few seconds. Please wait for a
moment...done.
[Core1]ip route-static 0.0.0.0 0 172.16.206.1 preference 5
[Core1]ip route-static 0.0.0.0 0 172.16.205.1 preference 9
[Core1]ospf 1
[Core1-ospf-1]area 0
[Core1-ospf-1-area-0.0.0.0]network 172.16.201.0 0.0.0.255
[Core1-ospf-1-area-0.0.0.0]network 172.16.204.0 0.0.0.255
[Core1-ospf-1-area-0.0.0.0]network 172.16.205.0 0.0.0.255
[Core1-ospf-1-area-0.0.0.0]network 172.16.206.0 0.0.0.255
[Core1-ospf-1-area-0.0.0.0]quit
[Core1-ospf-1]import-route static
[Core1-ospf-1]quit
[Core1]
```

（4）在交换机 Core2 上配置路由协议，代码如下：

```
[Core2]stp disable
Warning: The global STP state will be changed. Continue? [Y/N]y
Info: This operation may take a few seconds. Please wait for a
```

```
moment...done.
    [Core2]ip route-static 0.0.0.0 0 172.16.207.1 preference 5
    [Core2]ip route-static 0.0.0.0 0 172.16.205.254 preference 9
    [Core2]ospf 1
    [Core2-ospf-1]area 0
    [Core2-ospf-1-area-0.0.0.0]network 172.16.100.0 0.0.0.255
    [Core2-ospf-1-area-0.0.0.0]network 172.16.202.0 0.0.0.255
    [Core2-ospf-1-area-0.0.0.0]network 172.16.203.0 0.0.0.255
    [Core2-ospf-1-area-0.0.0.0]network 172.16.205.0 0.0.0.255
    [Core2-ospf-1-area-0.0.0.0]network 172.16.207.0 0.0.0.255
    [Core2-ospf-1-area-0.0.0.0]quit
    [Core2-ospf-1]import-route static
    [Core2-ospf-1]quit
    [Core2]
```

（5）在路由器 Out 上配置路由协议，代码如下：

```
[Out]ip route-static 0.0.0.0 0 100.100.100.2 preference 5
                                            //配置默认路由
[Out]ospf 1
[Out-ospf-1]
[Out-ospf-1]area 0
[Out-ospf-1-area-0.0.0.0]network 172.16.206.0 0.0.0.255
[Out-ospf-1-area-0.0.0.0]network 172.16.207.0 0.0.0.255
[Out-ospf-1-area-0.0.0.0]quit
[Out-ospf-1]import-route static
[Out-ospf-1]quit
[Out]quit
<Out>save
```

在 OSPF 协议运行一段时间后，在交换机 Aggreg1、Aggreg2、Core1、Core2 和路由器 Out 上执行 display ip routing-table 命令，查看路由表（路由表中应该包含学习到的 OSPF 路由）。交换机 Aggreg1 上的路由表如图 3.5 所示。

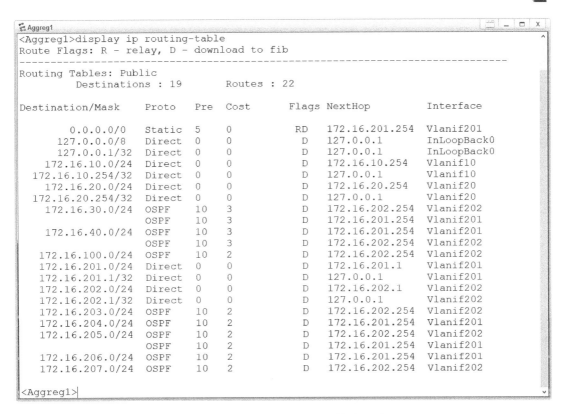

图 3.5　交换机 Aggreg1 上的路由表

也可以使用 Ping 命令测试交换机 Aggreg1、Aggreg2 与路由器 Out 之间的连通性。交换机 Aggreg1 Ping 通路由器 Out 的结果如图 3.6 所示。

```
 Aggreg1                                                    _ □ X
<Aggreg1>ping 100.100.100.1
  PING 100.100.100.1: 56  data bytes, press CTRL_C to break
    Reply from 100.100.100.1: bytes=56 Sequence=1 ttl=254 time=80 ms
    Reply from 100.100.100.1: bytes=56 Sequence=2 ttl=254 time=60 ms
    Reply from 100.100.100.1: bytes=56 Sequence=3 ttl=254 time=40 ms
    Reply from 100.100.100.1: bytes=56 Sequence=4 ttl=254 time=80 ms
    Reply from 100.100.100.1: bytes=56 Sequence=5 ttl=254 time=60 ms

  --- 100.100.100.1 ping statistics ---
    5 packet(s) transmitted
    5 packet(s) received
    0.00% packet loss
    round-trip min/avg/max = 40/64/80 ms

<Aggreg1>
```

图 3.6　交换机 Aggreg1 Ping 通路由器 Out 的结果

4．配置 DHCP 服务及访问控制列表

（1）在交换机 Aggreg1 上配置 DHCP 服务，代码如下：

```
[Aggreg1]dhcp enable
```

```
   Info: The operation may take a few seconds. Please wait for a
moment.done.
   [Aggreg1]ip pool vlan10
   Info:It's successful to create an IP address pool.
   [Aggreg1-ip-pool-vlan10]network 172.16.10.0 mask 255.255.255.0
   [Aggreg1-ip-pool-vlan10]lease day 3
   [Aggreg1-ip-pool-vlan10]gateway-list 172.16.10.254
   [Aggreg1-ip-pool-vlan10]dns-list 114.114.114.114
   [Aggreg1-ip-pool-vlan10]quit
   [Aggreg1]ip pool vlan20
   Info:It's successful to create an IP address pool.
   [Aggreg1-ip-pool-vlan20]network 172.16.20.0 mask 255.255.255.0
   [Aggreg1-ip-pool-vlan20]lease day 3
   [Aggreg1-ip-pool-vlan20]gateway-list 172.16.20.254
   [Aggreg1-ip-pool-vlan20]dns-list 114.114.114.114
   [Aggreg1-ip-pool-vlan20]quit
   [Aggreg1]interface Vlanif 10
   [Aggreg1-Vlanif10]dhcp select global
   [Aggreg1-Vlanif10]quit
   [Aggreg1]interface Vlanif 20
   [Aggreg1-Vlanif20]dhcp select global
   [Aggreg1-Vlanif20]quit
   [Aggreg1]
```

（2）在交换机 Aggreg2 上配置 DHCP 服务，代码如下：

```
   [Aggreg2]dhcp enable
   Info: The operation may take a few seconds. Please wait for a
moment.done.
   [Aggreg2]ip pool vlan30
   Info:It's successful to create an IP address pool.
   [Aggreg2-ip-pool-vlan30]network 172.16.30.0 mask 255.255.255.0
   [Aggreg2-ip-pool-vlan30]lease day 3
   [Aggreg2-ip-pool-vlan30]gateway-list 172.16.30.254
   [Aggreg2-ip-pool-vlan30]dns-list 114.114.114.114
```

```
[Aggreg2-ip-pool-vlan30]quit

[Aggreg2]ip pool vlan40

Info:It's successful to create an IP address pool.

[Aggreg2-ip-pool-vlan40]network 172.16.40.0 mask 255.255.255.0

[Aggreg2-ip-pool-vlan40]lease day 3

[Aggreg2-ip-pool-vlan40]gateway-list 172.16.40.254

[Aggreg2-ip-pool-vlan40]dns-list 114.114.114.114

[Aggreg2-ip-pool-vlan40]quit

[Aggreg2]interface Vlanif 30

[Aggreg2-Vlanif30]dhcp select global

[Aggreg2-Vlanif30]quit

[Aggreg2]interface Vlanif 40

[Aggreg2-Vlanif40]dhcp select global

[Aggreg2-Vlanif40]quit

[Aggreg2]
```

在完成以上配置后，PC1~PC8 就可以自动获取 IPv4 地址了。双击 PC1，打开"PC1"窗口，选择"命令行"选项卡，输入命令"ipconfig"，即可查看 PC1 的 IPv4 地址，如图 3.7 所示。PC2~PC8 的 IPv4 地址查看方法参考 PC1 的 IPv4 地址查看方法。

图 3.7　查看 PC1 的 IPv4 地址

（3）在交换机 Aggreg1 上配置访问控制列表。

为了方便后面验证是否禁止行政部员工使用 FTP 服务，需要在本项目的网络拓扑结构中临时增加一个 Client——C1，如图 3.8 所示；并且进行 C1 的 IPv4 配置，如图 3.9 所示。

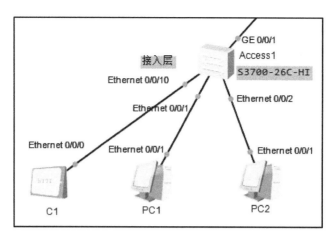

图 3.8　临时增加 C1

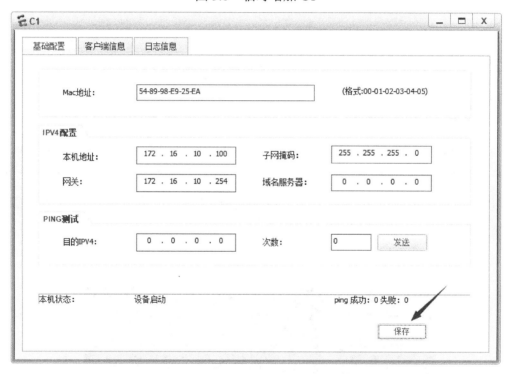

图 3.9　C1 的 IPv4 配置

在交换机 Access1 上执行以下命令,将 C1 接入局域网,然后使用 C1 访问 FTP 服务器的 FTP 站点,如图 3.10 所示。

```
[Access1]interface Ethernet0/0/10
[Access1-Ethernet0/0/10]port link-type access
[Access1-Ethernet0/0/10]port default vlan 10
[Access1-Ethernet0/0/10]quit
[Access1]
```

图 3.10　使用 C1 访问 FTP 服务器的 FTP 站点

因为要禁止行政部员工使用 FTP 服务，所以要在交换机 Aggreg1 上配置高级访问控制列表，并且在接口视图下调用这个高级访问控制列表，代码如下。配置后的验证结果如图 3.11 所示（在验证前，建议重启 C1）。

```
[Aggreg1]acl 3000                              //定义高级访问控制列表
[Aggreg1-acl-adv-3000]rule 5 deny tcp source 172.16.10.0 0.0.0.255
destination 172.168.100.1 0.0.0.0 destination-port range 20 21
[Aggreg1-acl-adv-3000]rule 10 permit ip
[Aggreg1-acl-adv-3000]quit
[Aggreg1]interface GigabitEthernet 0/0/20
[Aggreg1-GigabitEthernet0/0/20]traffic-filter inbound acl 3000
                                           //在接口视图下调用ACL 3000

[Aggreg1]quit
<Aggreg1>save
```

图 3.11　禁止行政部员工使用 FTP 服务

---

① 图中的 1M 应该是 1MB

5．在路由器 Out 上配置动态 NAPT

在路由器 Out 上配置动态 NAPT，代码如下：

```
[Out]nat address-group 1 100.100.100.1 100.100.100.1
                          //配置公网 IP 地址池
[Out]acl 2000             //配置 ACL 规则，定义可用于映射公网的主机
[Out-acl-basic-2000]rule 5 permit source 172.16.0.0 0.0.255.255
[Out-acl-basic-2000]quit
[Out]interface GigabitEthernet 0/0/2
[Out-GigabitEthernet0/0/2]nat outbound 2000 address-group 1
                          //将符合 ACL 规则的主机自动映射到公网 IP 地址池
[Out-GigabitEthernet0/0/2]quit
[Out]quit
<Out>save
```

在完成以上配置后，PC1 就可以 Ping 通路由器 ISP 了，验证操作和结果如图 3.12 所示。PC2～PC8 也可以 Ping 通路由器 ISP，验证操作参考图 3.12 中的验证操作。

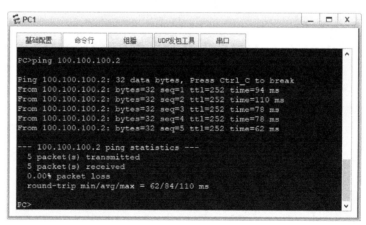

图 3.12　PC1 Ping 通路由器 ISP

💡 项目拓展

本项目中的交换机 Aggreg1、Aggreg2、Core1、Core2 上都配置了默认路由及备用的默认路由（浮动路由），是否可以免除配置这些默认路由呢？

其实是可以的，我们需要借助 default-route-advertise（OSPF）命令实现。

default-route-advertise 命令主要用于将默认路由通告到普通 OSPF 区域，这样就不用在其他区域配置默认路由了。

在路由器 Out 上配置以下命令。

```
[Out]ip route-static 0.0.0.0 0.0.0.0 100.100.100.2 preference 5
[Out]ospf 1
[Out-ospf-1]default-route-advertise
[Out-ospf-1]area 0
[Out-ospf-1-area-0.0.0.0]network 172.16.206.0 0.0.0.255
[Out-ospf-1-area-0.0.0.0]network 172.16.207.0 0.0.0.255
[Out-ospf-1-area-0.0.0.0]exit
```

在交换机 Core1 上配置以下命令。

```
//不用配置默认路由及备用的默认路由（浮动路由）
[Core1]ospf 1
[Core1-ospf-1]area 0
[Core1-ospf-1-area-0.0.0.0]network 172.16.201.0 0.0.0.255
[Core1-ospf-1-area-0.0.0.0]network 172.16.204.0 0.0.0.255
[Core1-ospf-1-area-0.0.0.0]network 172.16.205.0 0.0.0.255
[Core1-ospf-1-area-0.0.0.0]network 172.16.206.0 0.0.0.255
[Core1-ospf-1-area-0.0.0.0]quit
[Core1-ospf-1]quit
[Core1]dis ip rout              //查看是否通过 OSPF 学习到默认路由
Route Flags: R - relay, D - download to fib
-----------------------------------------------------------------
---------------
Routing Tables: Public
        Destinations : 19      Routes : 22

Destination/Mask  Proto  Pre  Cost  Flags  NextHop      Interface

  0.0.0.0/0        O_ASE  150   1     D    172.16.206.1  Vlanif206
                                //该路由为自动学习到的默认路由
 ...                            //其他结果省略
```

交换机 Core2、Aggreg1、Aggreg2 的相关配置参考交换机 Core1 的相关配置。在独立完成相关配置后，检查各个设备之间的连通性。

📋 项目验收

（1）使用 ipconfig 命令查看 PC1～PC8 的 IPv4 地址。

（2）使用 ping 命令测试 PC1 与 PC5 之间的连通性。

（3）使用 ping 命令测试 PC1 与 FTP 服务器之间的连通性。

（4）断开交换机 Aggreg1 与 Core1 之间的连接，再次使用 ping 命令测试 PC1 与 FTP 服务器之间的连通性。

（5）测试 C1 是否可以正常访问 FTP 服务器的 FTP 站点（参考图 3.10 的相关操作），并且解释原因。

（6）在交换机 Core1、Core2 上执行 display ip routing-table 命令，查看路由表有没有学习到 OSPF 路由。

（7）使用 ping 命令测试 PC1 与路由器 ISP 之间的连通性，并且解释原因。

🖥 项目评价

本项目的自我评价如表 3.3 所示。

表 3.3　本项目的自我评价

序号	自评内容	佐证内容	达标	未达标
1	DHCP 服务配置	PC1～PC8 能够正常获取 IPv4 地址		
2	局域网通信情况	PC1 可以与 PC5、FTP 进行通信		
3	汇聚层配置情况	完成浮动路由及访问控制列表配置		
4	OSPF 协议配置	在交换机 Core1、Core2 上执行 display ip routing-table 命令，查看路由表（路由表中应该包含学习到的 OSPF 路由）		
5	动态 NAPT 配置	完成路由器 Out 的动态 NAPT 配置		
6	项目综合完成情况	通过学习和练习，能够完成整个项目，并且能够清晰地介绍项目完成过程		

📖 项目小结

本项目包含交换机、路由器的基础配置，交换机的 DHCP 服务配置，交换机、路由器的 OSPF 协议和静态路由配置，交换机的访问控制列表配置，路由器的动态 NAPT 配置，使读者理解基于三层网络结构的局域网的相关知识，有助于读者未来自主搭建大中型局域网。

将自己的学习心得写在下面。

_____

_____

_____

_____

_____

_____

_____

_____

_____

_____

项目 4　双核心的园区网

项目背景

　　某公司是位于高新技术园区的新技术企业，目前的网络为单核心网络，随时可能出现故障。为了保障公司网络的稳定性和高可用性，排除单点故障，公司要对原网络进行升级，要求升级后的网络为双核心稳定结构。

　　假设你是该公司的网络工程师。你建议采用双核心的冗余网络，采用 MSTP（多生成树协议）和 VRRP（虚拟路由冗余协议）技术，保障网络的稳定性和高可用性，并且实现流量负载均衡。

　　公司采纳了你的建议，并且要求你尽快完成整个网络的升级。

项目要求

　　（1）双核心园区网的网络拓扑图如图 4.1 所示（在本图中，使用 GE 表示 GigabitEthernet）。

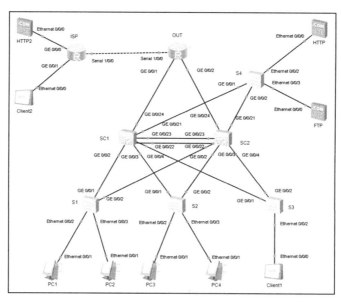

图 4.1　双核心园区网的网络拓扑图

（2）PC1、PC2 位于行政部，PC3、PC4 位于事业部，Client1 位于 IT 部；HTTP 和 FTP 是内部服务器；S1、S2、S3、S4 是接入层交换机，SC1、SC2 是核心层交换机；OUT 是网络出口路由器，ISP 是运营商路由器；HTTP2、Client2 分别模拟互联网服务器和互联网用户。设备说明如表 4.1 所示（在本表中，使用 GE 表示 GigabitEthernet，使用 E 表示 Ethernet，使用 S 表示 Serial）。

表 4.1   设备说明

设备名称 （型号）	接口	IP 地址/子网掩码	默认网关	接口属性	对端设备及接口
HTTP2 （Server）	E 0/0/0	100.100.110.1/30	100.100.110.2	—	ISP：GE 0/0/0
Client2 （Client）	E 0/0/0	100.100.120.1/30	100.100.120.2	—	ISP：GE 0/0/1
ISP （AR2220）	GE 0/0/0	100.100.110.2/30	—	—	HTTP2：E 0/0/0
	GE 0/0/1	100.100.120.2/30	—	—	Client2：E 0/0/0
	S 1/0/0	100.100.100.2/30	—	—	OUT：S 1/0/0
OUT （AR2220）	S 1/0/0	100.100.100.1/30	100.100.100.2	—	ISP：S 1/0/0
	GE 0/0/1	172.31.201.1/24	—	—	SC1：GE 0/0/24
	GE 0/0/2	172.31.202.1/24	—	—	SC2：GE 0/0/24
SC1 （S5700）	GE 0/0/24	—	—	Access	OUT：GE 0/0/1
	GE 0/0/23	—	—	Trunk	SC2：GE 0/0/23
	GE 0/0/22	—	—	Trunk	SC2：GE 0/0/22
	GE 0/0/21	—	—	Trunk	S4：GE 0/0/1
	GE 0/0/4	—	—	Trunk	S3：GE 0/0/1
	GE 0/0/3	—	—	Trunk	S2：GE 0/0/1
	GE 0/0/2	—	—	Trunk	S1：GE 0/0/1
	VLANIF 10	172.31.10.252/24	—	—	—
	VLANIF 20	172.31.20.252/24	—	—	—
	VLANIF 30	172.31.30.252/24	—	—	—
	VLANIF 100	172.31.100.252/24	—	—	—
	VLANIF 201	172.31.201.254/24	—	—	—

续表

设备名称 （型号）	接口	IP 地址/子网掩码	默认网关	接口属性	对端设备及接口
SC2 （S5700）	GE 0/0/24	—	—	Access	OUT：GE 0/0/2
	GE 0/0/23	—	—	Trunk	SC1：GE 0/0/23
	GE 0/0/22	—	—	Trunk	SC1：GE 0/0/22
	GE 0/0/21	—	—	Trunk	S4：GE 0/0/2
	GE 0/0/4	—	—	Trunk	S3：GE 0/0/2
	GE 0/0/3	—	—	Trunk	S2：GE 0/0/2
	GE 0/0/2	—	—	Trunk	S1：GE 0/0/2
	VLANIF 10	172.31.10.253/24	—	—	—
	VLANIF 20	172.31.20.253/24	—	—	—
	VLANIF 30	172.31.30.253/24	—	—	—
	VLANIF 100	172.31.100.253/24	—	—	—
	VLANIF 202	172.31.202.254/24	—	—	—
S1 （S3700）	GE 0/0/1	—	—	Trunk	SC1：GE 0/0/2
	GE 0/0/2	—	—	Trunk	SC2：GE 0/0/2
	E 0/0/2	—	—	Access	PC1：E 0/0/1
	E 0/0/3	—	—	Access	PC2：E 0/0/1
S2 （S3700）	GE 0/0/1	—	—	Trunk	SC1：GE 0/0/3
	GE 0/0/2	—	—	Trunk	SC2：GE 0/0/3
	E 0/0/2	—	—	Access	PC3：E 0/0/1
	E 0/0/3	—	—	Access	PC4：E 0/0/1
S3 （S3700）	GE 0/0/1	—	—	Trunk	SC1：GE 0/0/4
	GE 0/0/2	—	—	Trunk	SC2：GE 0/0/4
	E 0/0/2	—	—	Access	Client1：E 0/0/0
S4 （S3700）	GE 0/0/1	—	—	Trunk	SC1：GE 0/0/21
	GE 0/0/2	—	—	Trunk	SC2：GE 0/0/21
	E 0/0/2	—	—	Access	HTTP：E 0/0/0
	E 0/0/3	—	—	Access	FTP：E 0/0/0
HTTP （Server）	E 0/0/0	172.31.100.1/24	172.31.100.254	—	S4：E 0/0/2

续表

设备名称（型号）	接口	IP 地址/子网掩码	默认网关	接口属性	对端设备及接口
FTP（Server）	E 0/0/0	172.31.100.2/24	172.31.100.254	—	S4：E 0/0/3
PC1	E 0/0/1	自动获取	自动获取	—	S1：E 0/0/2
PC2	E 0/0/1	自动获取	自动获取	—	S1：E 0/0/3
PC3	E 0/0/1	自动获取	自动获取	—	S2：E 0/0/2
PC4	E 0/0/1	自动获取	自动获取	—	S2：E 0/0/3
Client1	E 0/0/0	172.31.30.1/24	172.31.30.254	—	S3：E 0/0/2

（3）VLAN 规划如表 4.2 所示。

表 4.2 VLAN 规划

VLAN ID	VLANIF 地址	包含设备	备注
10	172.31.10.254/24	PC1、PC2	行政部网段
20	172.31.20.254/24	PC3、PC4	事业部网段
30	172.31.30.254/24	Client1	IT 部网段
100	172.31.100.254/24	HTTP、FTP	服务器网段
201	172.31.201.254/24	OUT	SC1 与 OUT 之间进行通信的网段
202	172.31.202.254/24	OUT	SC2 与 OUT 之间进行通信的网段

（4）在接入层交换机 S1、S2、S3、S4 上配置 VLAN，并且启用 MSTP，保证计算机正常接入园区网；核心层交换机 SC1、SC2 互为备份，实现冗余设计，在核心层交换机上配置链路聚合、网关，并且启用 VRRP 和 MSTP，保证 VLAN 之间通信正常且负载均衡。

（5）在核心层交换机 SC1、SC2 和路由器 OUT 上配置 OSPF 协议，保证园区网的连通性。

（6）在核心层交换机 SC1、SC2 上分别配置 DHCP 服务，实现双机热备，方便客户端动态获取 IPv4 地址。

（7）在服务器 HTTP、HTTP2 上配置 HTTP 站点；在服务器 FTP 上配置 FTP 站点。

（8）在路由器 OUT 上配置 Easy IP，保证园区网用户可以正常访问互联网（可以访问 HTTP2 服务器的 HTTP 站点）。

（9）在路由器 OUT 上配置 NAT Server，将 HTTP 服务器映射到互联网上（Client2 可以访问 HTTP 服务器）。

📍 项目实施

参照图 4.1 搭建网络拓扑结构，连接网络设备，开启所有设备的电源。

1．网络设备的基础配置

（1）接入层交换机 S1 的基础配置如下：

```
<Huawei>undo terminal monitor          //取消干扰消息
Info: Current terminal monitor is off.
<Huawei>system-view
Enter system view, return user view with Ctrl+Z.
[Huawei]sysname S1
[S1]vlan 10
[S1-vlan10]port-group 1
[S1-port-group-1]group-member Ethernet 0/0/2 to Ethernet 0/0/3
[S1-port-group-1]port link-type access
[S1-port-group-1]port default vlan 10
[S1-port-group-1]quit
[S1]interface GigabitEthernet 0/0/1
[S1-GigabitEthernet0/0/1]port link-type trunk
[S1-GigabitEthernet0/0/1]port trunk allow-pass vlan 1 10
[S1-GigabitEthernet0/0/1]quit
[S1]interface GigabitEthernet 0/0/2
[S1-GigabitEthernet0/0/2]port link-type trunk
[S1-GigabitEthernet0/0/2]port trunk allow-pass vlan 1 10
[S1-GigabitEthernet0/0/2]quit
[S1]
```

（2）接入层交换机 S2 的基础配置如下：

```
<Huawei>undo terminal monitor
Info: Current terminal monitor is off.
<Huawei>system-view
Enter system view, return user view with Ctrl+Z.
[Huawei]sysname S2
[S2]vlan 20
```

```
[S2-vlan20]port-group 1
[S2-port-group-1]group-member Ethernet 0/0/2 to Ethernet 0/0/3
[S2-port-group-1]port link-type access
[S2-port-group-1]port default vlan 20
[S2-port-group-1]quit
[S2]interface GigabitEthernet 0/0/1
[S2-GigabitEthernet0/0/1]port link-type trunk
[S2-GigabitEthernet0/0/1]port trunk allow-pass vlan 1 20
[S2-GigabitEthernet0/0/1]quit
[S2]interface GigabitEthernet 0/0/2
[S2-GigabitEthernet0/0/2]port link-type trunk
[S2-GigabitEthernet0/0/2]port trunk allow-pass vlan 1 20
[S2-GigabitEthernet0/0/2]quit
[S2]
```

（3）接入层交换机 S3 的基础配置如下：

```
<Huawei>undo terminal monitor
Info: Current terminal monitor is off.
<Huawei>system-view
Enter system view, return user view with Ctrl+Z.
[Huawei]sysname S3
[S3]vlan 30
[S3-vlan30]port-group 1
[S3-port-group-1]group-member Ethernet 0/0/2 to Ethernet 0/0/2
[S3-port-group-1]port link-type access
[S3-port-group-1]port default vlan 30
[S3-port-group-1]quit
[S3]interface GigabitEthernet 0/0/1
[S3-GigabitEthernet0/0/1]port link-type trunk
[S3-GigabitEthernet0/0/1]port trunk allow-pass vlan 1 30
[S3-GigabitEthernet0/0/1]quit
[S3]interface GigabitEthernet 0/0/2
[S3-GigabitEthernet0/0/2]port link-type trunk
[S3-GigabitEthernet0/0/2]port trunk allow-pass vlan 1 30
```

```
[S3-GigabitEthernet0/0/2]quit
[S3]
```

（4）接入层交换机 S4 的基础配置如下：

```
<Huawei>undo terminal monitor
Info: Current terminal monitor is off.
<Huawei>system-view
Enter system view, return user view with Ctrl+Z.
[Huawei]sysname S4
[S4]vlan 100
[S4-vlan100]port-group 1
[S4-port-group-1]group-member Ethernet 0/0/2 to Ethernet 0/0/20
[S4-port-group-1]port link-type access
[S4-port-group-1]port default vlan 100
[S4-port-group-1]quit
[S4]interface GigabitEthernet 0/0/1
[S4-GigabitEthernet0/0/1]port link-type trunk
[S4-GigabitEthernet0/0/1]port trunk allow-pass vlan 1 100
[S4-GigabitEthernet0/0/1]quit
[S4]interface GigabitEthernet 0/0/2
[S4-GigabitEthernet0/0/2]port link-type trunk
[S4-GigabitEthernet0/0/2]port trunk allow-pass vlan 1 100
[S4-GigabitEthernet0/0/2]quit
[S4]quit
```

（5）核心层交换机 SC1 的基础配置如下：

```
<Huawei>undo terminal monitor
Info: Current terminal monitor is off.
<Huawei>system-view
Enter system view, return user view with Ctrl+Z.
[Huawei]sysname SC1
[SC1]vlan batch 10 20 30 100 201
Info: This operation may take a few seconds. Please wait for a
moment...done.
[SC1]interface GigabitEthernet 0/0/2
[SC1-GigabitEthernet0/0/2]port link-type trunk
```

```
[SC1-GigabitEthernet0/0/2]port trunk allow-pass vlan 1 10
[SC1-GigabitEthernet0/0/2]quit
[SC1]interface GigabitEthernet 0/0/3
[SC1-GigabitEthernet0/0/3]port link-type trunk
[SC1-GigabitEthernet0/0/3]port trunk allow-pass vlan 1 20
[SC1-GigabitEthernet0/0/3]quit
[SC1]interface GigabitEthernet 0/0/4
[SC1-GigabitEthernet0/0/4]port link-type trunk
[SC1-GigabitEthernet0/0/4]port trunk allow-pass vlan 1 30
[SC1-GigabitEthernet0/0/4]quit
[SC1]interface GigabitEthernet 0/0/21
[SC1-GigabitEthernet0/0/21]port link-type trunk
[SC1-GigabitEthernet0/0/21]port trunk allow-pass vlan 1 100
[SC1-GigabitEthernet0/0/21]quit
[SC1]interface GigabitEthernet 0/0/24
[SC1-GigabitEthernet0/0/24]port link-type access
[SC1-GigabitEthernet0/0/24]port default vlan 201
[SC1-GigabitEthernet0/0/24]quit
[SC1]interface Vlanif 10
[SC1-Vlanif10]ip address 172.31.10.252 24
[SC1-Vlanif10]interface Vlanif 20
[SC1-Vlanif20]ip address 172.31.20.252 24
[SC1-Vlanif20]interface Vlanif 30
[SC1-Vlanif30]ip address 172.31.30.252 24
[SC1-Vlanif30]interface Vlanif 100
[SC1-Vlanif100]ip address 172.31.100.252 24
[SC1-Vlanif100]interface Vlanif 201
[SC1-Vlanif201]ip address 172.31.201.254 24
[SC1-Vlanif201]quit
[SC1]interface Eth-Trunk 1
[SC1-Eth-Trunk1]port link-type trunk
[SC1-Eth-Trunk1]port trunk allow-pass vlan 1 10 20 30 100
[SC1-Eth-Trunk1]quit
[SC1]interface GigabitEthernet 0/0/22
```

```
[SC1-GigabitEthernet0/0/22]eth-trunk 1
Info: This operation may take a few seconds. Please wait for a
moment...done.
[SC1-GigabitEthernet0/0/22]quit
[SC1]interface GigabitEthernet 0/0/23
[SC1-GigabitEthernet0/0/23]eth-trunk 1
Info: This operation may take a few seconds. Please wait for a
moment...done.
[SC1-GigabitEthernet0/0/23]quit
[SC1]
```

（6）核心层交换机 SC2 的基础配置如下：

```
<Huawei>undo terminal monitor
Info: Current terminal monitor is off.
<Huawei>system-view
Enter system view, return user view with Ctrl+Z.
[Huawei]sysname SC2
[SC2]vlan batch 10 20 30 100 202
Info: This operation may take a few seconds. Please wait for a
moment...done.
[SC2]interface GigabitEthernet 0/0/2
[SC2-GigabitEthernet0/0/2]port link-type trunk
[SC2-GigabitEthernet0/0/2]port trunk allow-pass vlan 1 10
[SC2-GigabitEthernet0/0/2]quit
[SC2]interface GigabitEthernet 0/0/3
[SC2-GigabitEthernet0/0/3]port link-type trunk
[SC2-GigabitEthernet0/0/3]port trunk allow-pass vlan 1 20
[SC2-GigabitEthernet0/0/3]quit
[SC2]interface GigabitEthernet 0/0/4
[SC2-GigabitEthernet0/0/4]port link-type trunk
[SC2-GigabitEthernet0/0/4]port trunk allow-pass vlan 1 30
[SC2-GigabitEthernet0/0/4]quit
[SC2]interface GigabitEthernet 0/0/21
[SC2-GigabitEthernet0/0/21]port link-type trunk
[SC2-GigabitEthernet0/0/21]port trunk allow-pass vlan 1 100
```

```
[SC2-GigabitEthernet0/0/21]quit

[SC2]interface GigabitEthernet 0/0/24

[SC2-GigabitEthernet0/0/24]port link-type access

[SC2-GigabitEthernet0/0/24]port default vlan 202

[SC2-GigabitEthernet0/0/24]quit

[SC2]interface Vlanif 10

[SC2-Vlanif10]ip address 172.31.10.253 24

[SC2-Vlanif10]interface Vlanif 20

[SC2-Vlanif20]ip address 172.31.20.253 24

[SC2-Vlanif20]interface Vlanif 30

[SC2-Vlanif30]ip address 172.31.30.253 24

[SC2-Vlanif30]interface Vlanif 100

[SC2-Vlanif100]ip address 172.31.100.253 24

[SC2-Vlanif100]interface Vlanif 202

[SC2-Vlanif202]ip address 172.31.202.254 24

[SC2-Vlanif202]quit

[SC2]interface Eth-Trunk 1

[SC2-Eth-Trunk1]port link-type trunk

[SC2-Eth-Trunk1]port trunk allow-pass vlan 1 10 20 30 100

[SC2-Eth-Trunk1]quit

[SC2]interface GigabitEthernet 0/0/22

[SC2-GigabitEthernet0/0/22]eth-trunk 1

Info: This operation may take a few seconds. Please wait for a
moment...done.

[SC2-GigabitEthernet0/0/22]quit

[SC2]interface GigabitEthernet 0/0/23

[SC2-GigabitEthernet0/0/23]eth-trunk 1

Info: This operation may take a few seconds. Please wait for a
moment...done.

[SC2-GigabitEthernet0/0/23]quit

[SC2]
```

（7）路由器 OUT 的基础配置如下：

```
<Huawei>undo terminal monitor

Info: Current terminal monitor is off.
```

```
<Huawei>system-view
Enter system view, return user view with Ctrl+Z.
[Huawei]sysname OUT
[OUT]interface Serial 1/0/0
[OUT-Serial1/0/0]ip address 100.100.100.1 30
[OUT-Serial1/0/0]quit
[OUT]interface GigabitEthernet 0/0/1
[OUT-GigabitEthernet0/0/1]ip address 172.31.201.1 24
[OUT-GigabitEthernet0/0/1]quit
[OUT]interface GigabitEthernet 0/0/2
[OUT-GigabitEthernet0/0/0]ip address 172.31.202.1 24
[OUT-GigabitEthernet0/0/0]quit
[OUT]quit
<OUT>save
```

（8）路由器 ISP 的基础配置如下：

```
<Huawei>system-view
Enter system view, return user view with Ctrl+Z.
[Huawei]sysname ISP
[ISP]interface Serial 1/0/0
[ISP-Serial1/0/0]ip address 100.100.100.2 30
[ISP-Serial1/0/0]quit
[ISP]interface GigabitEthernet 0/0/0
[ISP-GigabitEthernet0/0/0]ip address 100.100.110.2 30
[ISP-GigabitEthernet0/0/0]quit
[ISP]interface GigabitEthernet 0/0/1
[ISP-GigabitEthernet0/0/1]ip address 100.100.120.2 30
[ISP-GigabitEthernet0/0/1]quit
[ISP]quit
<ISP>save
```

2．终端和服务器的配置

（1）PC 的基础配置。

PC1～PC4 的 IPv4 地址是使用 DHCP 服务自动分配的。PC1 的 IPv4 配

置如图 4.2 所示。PC2～PC4 的 IPv4 配置参考 PC1 的 IPv4 配置。

图 4.2　PC1 的 IPv4 配置

（2）Client 的基础配置。

Client 的 IPv4 地址需要手动进行配置。根据项目要求，Client1、Client2 的 IPv4 配置分别如图 4.3、图 4.4 所示。

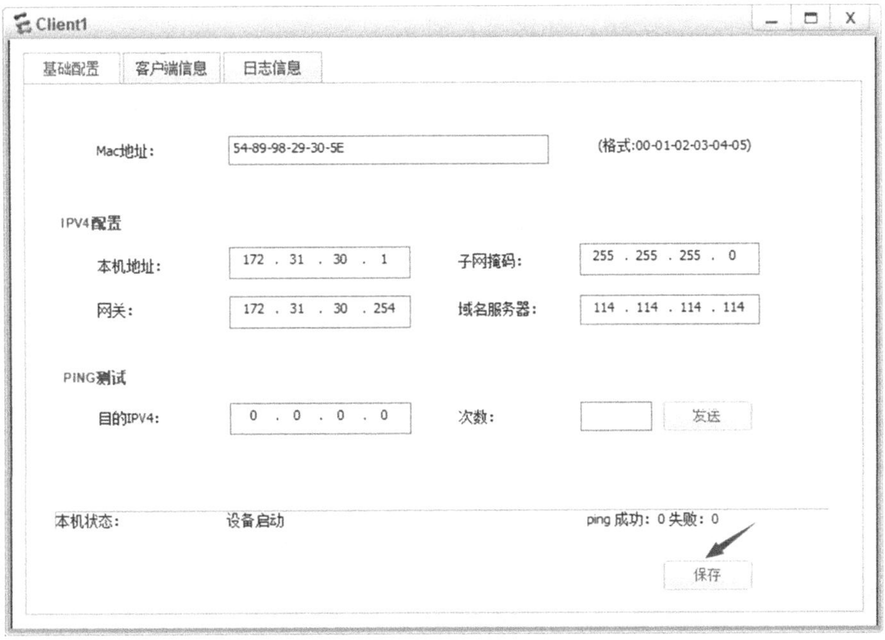

图 4.3　Client1 的 IPv4 配置

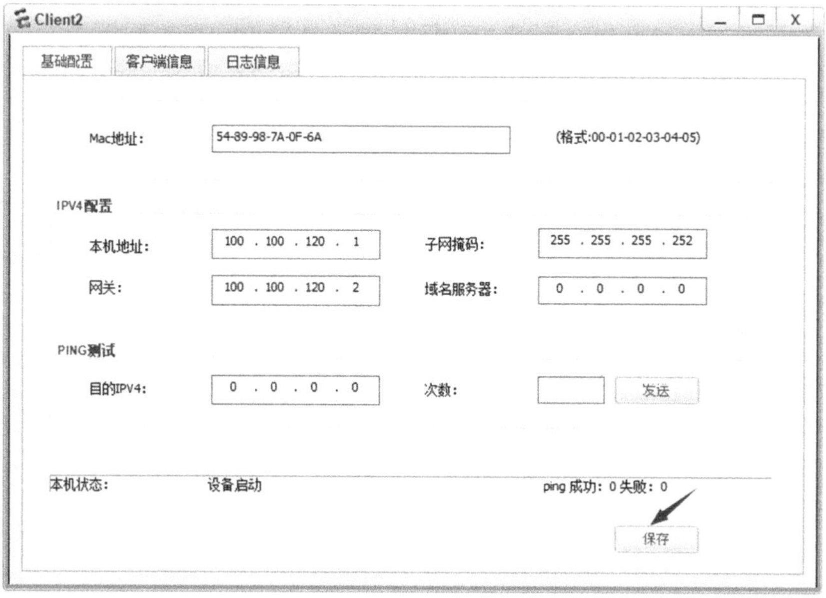

图 4.4　Client2 的 IPv4 配置

（3）Server 的基础配置。

Server（服务器）的 IPv4 地址需要手动进行配置，不能使用 DHCP 服务自动分配。根据项目要求，首先进行 FTP 服务器的 IPv4 配置，如图 4.5 所示；然后进行 FTP 服务器的 FtpServer 配置（FTP 站点配置），设置"文件根目录"（事先在当前计算机的 D 盘中创建 FTP 文件夹，并且在 FTP 文件夹中创建 TEST.txt 文件）并单击"启动"按钮，如图 4.6 所示。

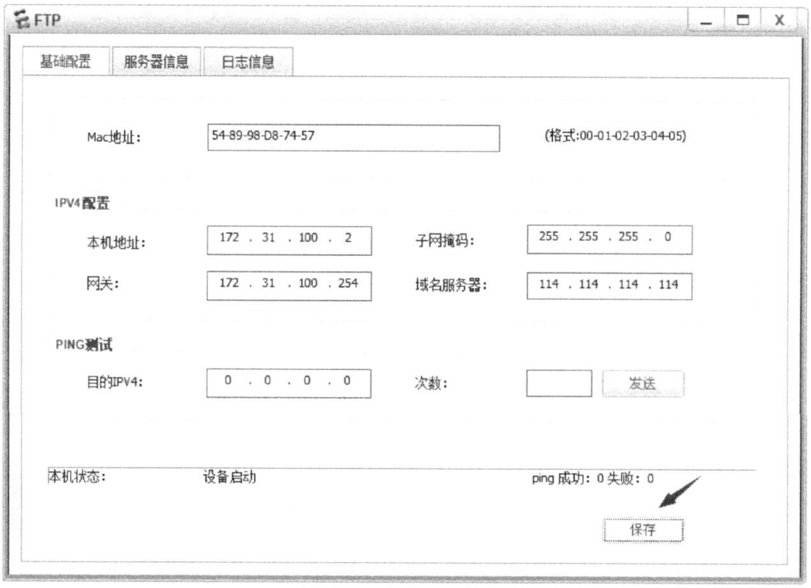

图 4.5　FTP 服务器的 IPv4 配置

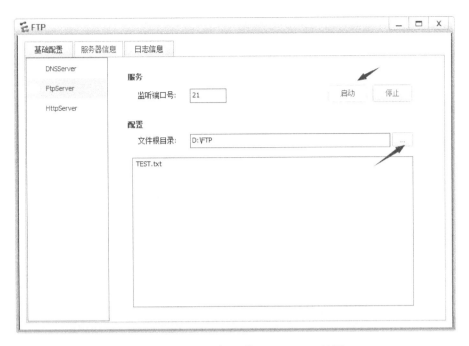

图 4.6　FTP 服务器的 FtpServer 配置

　　根据项目要求，首先进行 HTTP 服务器的 IPv4 配置，如图 4.7 所示；然后进行 HTTP 服务器的 HttpServer 配置（HTTP 站点配置），设置好"文件根目录"（事先在当前计算机的 D 盘中创建 WEB 文件夹，并且在 WEB 文件夹中创建 index.html 文件）并单击"启动"按钮，如图 4.8 所示。

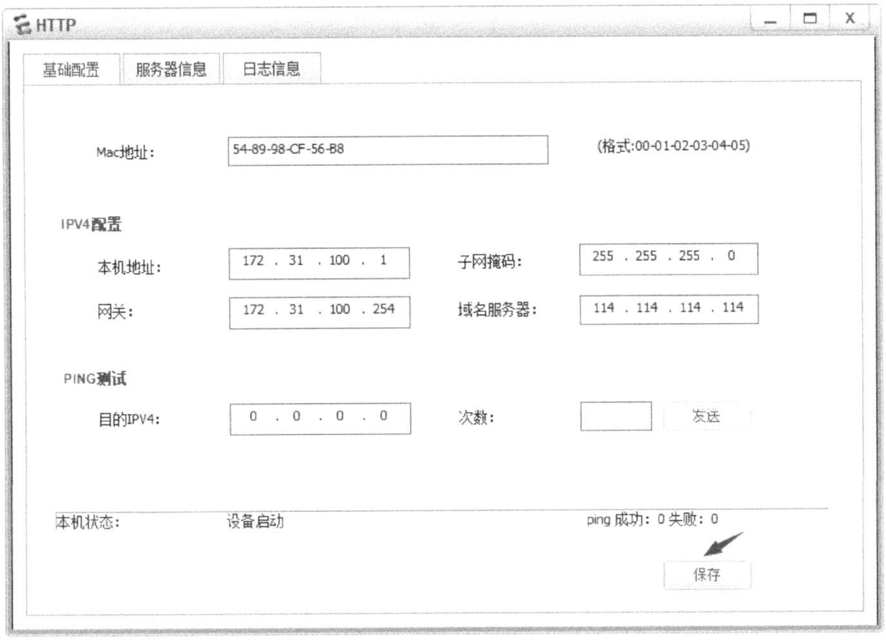

图 4.7　HTTP 服务器的 IPv4 配置

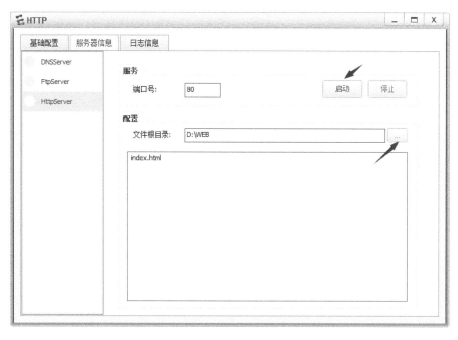

图 4.8　HTTP 服务器的 HttpServer 配置

根据项目要求，首先进行 HTTP2 服务器的 IPv4 配置，如图 4.9 所示；然后进行 HTTP2 服务器的 HttpServer 配置（HTTP 站点配置），设置好"文件根目录"（事先在当前计算机的 D 盘中创建 WEB2 文件夹，并且在 WEB2 文件夹中创建 index2.html 文件）并单击"启动"按钮，如图 4.10 所示。

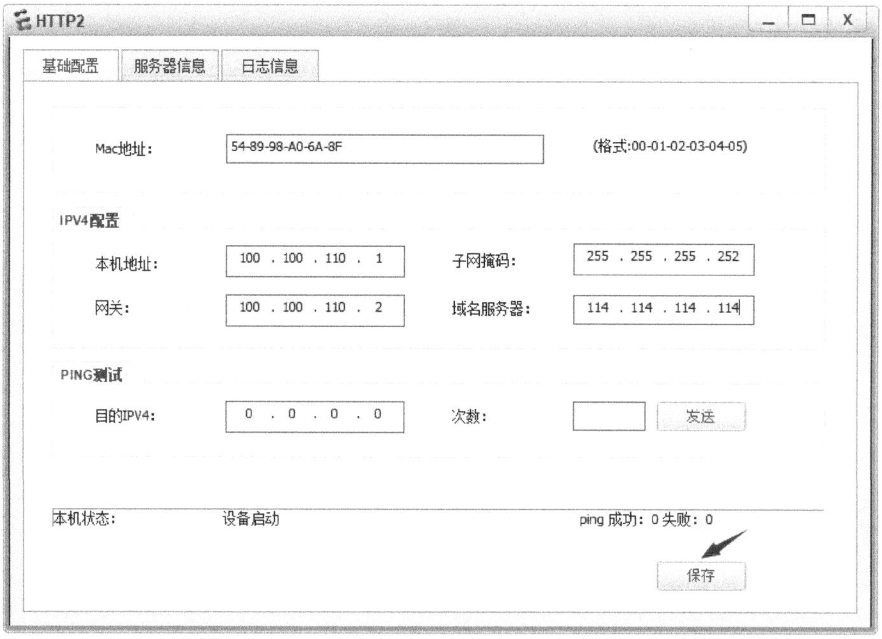

图 4.9　HTTP2 服务器的 IPv4 配置

图 4.10　HTTP2 服务器的 HttpServer 配置

3．在交换机上配置 MSTP

（1）在接入层交换机 S1 上配置 MSTP，代码如下：

```
[S1]stp region-configuration
[S1-mst-region]region-name test
[S1-mst-region]revision-level 1
[S1-mst-region]instance 1 vlan 1 10 20
[S1-mst-region]instance 2 vlan 30 100
[S1-mst-region]active region-configuration
Info: This operation may take a few seconds. Please wait for a
moment...done.
[S1-mst-region]quit
[S1]quit
<S1>save
```

（2）在接入层交换机 S2 上配置 MSTP，代码如下：

```
[S2]stp region-configuration
[S2-mst-region]region-name test
[S2-mst-region]revision-level 1
```

```
[S2-mst-region]instance 1 vlan 1 10 20

[S2-mst-region]instance 2 vlan 30 100

[S2-mst-region]active region-configuration

Info: This operation may take a few seconds. Please wait for a
moment...done.

[S2-mst-region]quit

[S2]quit

<S2>save
```

（3）在接入层交换机 S3 上配置 MSTP，代码如下：

```
[S3]stp region-configuration

[S3-mst-region]region-name test

[S3-mst-region]revision-level 1

[S3-mst-region]instance 1 vlan 1 10 20

[S3-mst-region]instance 2 vlan 30 100

[S3-mst-region]active region-configuration

Info: This operation may take a few seconds. Please wait for a
moment...done.

[S3-mst-region]quit

[S3]quit

<S3>save
```

（4）在接入层交换机 S4 上配置 MSTP，代码如下：

```
[S4]stp region-configuration

[S4-mst-region]region-name test

[S4-mst-region]revision-level 1

[S4-mst-region]instance 1 vlan 1 10 20

[S4-mst-region]instance 2 vlan 30 100

[S4-mst-region]active region-configuration

Info: This operation may take a few seconds. Please wait for a
moment...done.

[S4-mst-region]quit

[S4]quit

<S4>save
```

（5）在核心层交换机 SC1 上配置 MSTP，代码如下：

```
[SC1]stp instance 1 priority 4096
[SC1]stp instance 2 priority 0
[SC1]stp region-configuration
[SC1-mst-region]region-name test
[SC1-mst-region]revision-level 1
[SC1-mst-region]instance 1 vlan 1 10 20
[SC1-mst-region]instance 2 vlan 30 100
[SC1-mst-region]active region-configuration
Info: This operation may take a few seconds. Please wait for a
moment...done.
[SC1-mst-region]quit
[SC1]
```

（6）在核心层交换机 SC2 上配置 MSTP，代码如下：

```
[SC2]stp instance 1 priority 0
[SC2]stp instance 2 priority 4096
[SC2]stp region-configuration
[SC2-mst-region]region-name test
[SC2-mst-region]revision-level 1
[SC2-mst-region]instance 1 vlan 1 10 20
[SC2-mst-region]instance 2 vlan 30 100
[SC2-mst-region]active region-configuration
Info: This operation may take a few seconds. Please wait for a
moment...done.
[SC2-mst-region]quit
[SC2]
```

（7）查看 MSTP 的运行状态。

分别在交换机 SC1、S1、S3 上执行 display stp brief 命令，查看相应的 MSTP 的运行状态，结果分别如图 4.11、图 4.12、图 4.13 所示。通过查看 MSTP 的运行状态，可以发现 MSTP 运行成功，有多个实例，并且每个实例的环路都已经断开。

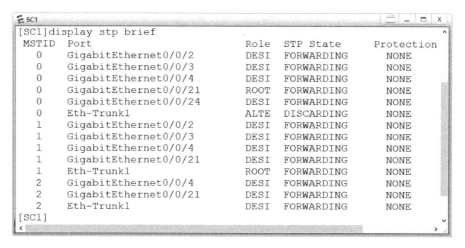

```
[SC1]display stp brief
 MSTID  Port                           Role  STP State   Protection
   0    GigabitEthernet0/0/2           DESI  FORWARDING    NONE
   0    GigabitEthernet0/0/3           DESI  FORWARDING    NONE
   0    GigabitEthernet0/0/4           DESI  FORWARDING    NONE
   0    GigabitEthernet0/0/21          ROOT  FORWARDING    NONE
   0    GigabitEthernet0/0/24          DESI  FORWARDING    NONE
   0    Eth-Trunk1                     ALTE  DISCARDING    NONE
   1    GigabitEthernet0/0/2           DESI  FORWARDING    NONE
   1    GigabitEthernet0/0/3           DESI  FORWARDING    NONE
   1    GigabitEthernet0/0/4           DESI  FORWARDING    NONE
   1    GigabitEthernet0/0/21          DESI  FORWARDING    NONE
   1    Eth-Trunk1                     ROOT  FORWARDING    NONE
   2    GigabitEthernet0/0/4           DESI  FORWARDING    NONE
   2    GigabitEthernet0/0/21          DESI  FORWARDING    NONE
   2    Eth-Trunk1                     DESI  FORWARDING    NONE
[SC1]
```

图 4.11　查看核心层交换机 SC1 的 MSTP 的运行状态

```
<S1>sys
Enter system view, return user view with Ctrl+Z.
[S1]display stp brief
 MSTID  Port                           Role  STP State   Protection
   0    Ethernet0/0/3                  DESI  FORWARDING    NONE
   0    GigabitEthernet0/0/1           ALTE  DISCARDING    NONE
   0    GigabitEthernet0/0/2           ROOT  FORWARDING    NONE
   1    Ethernet0/0/3                  DESI  FORWARDING    NONE
   1    GigabitEthernet0/0/1           ALTE  DISCARDING    NONE
   1    GigabitEthernet0/0/2           ROOT  FORWARDING    NONE
[S1]
```

图 4.12　查看接入层交换机 S1 的 MSTP 的运行状态

```
The device is running!

<S3>sys
Enter system view, return user view with Ctrl+Z.
[S3]display stp brief
 MSTID  Port                           Role  STP State   Protection
   0    Ethernet0/0/2                  DESI  FORWARDING    NONE
   0    GigabitEthernet0/0/1           ALTE  DISCARDING    NONE
   0    GigabitEthernet0/0/2           ROOT  FORWARDING    NONE
   1    GigabitEthernet0/0/1           ALTE  DISCARDING    NONE
   1    GigabitEthernet0/0/2           ROOT  FORWARDING    NONE
   2    Ethernet0/0/2                  DESI  FORWARDING    NONE
   2    GigabitEthernet0/0/1           ROOT  FORWARDING    NONE
   2    GigabitEthernet0/0/2           ALTE  DISCARDING    NONE
```

图 4.13　查看接入层交换机 S3 的 MSTP 的运行状态

4．在核心层交换机上配置 DHCP 服务

（1）在核心层交换机 SC1 上配置 DHCP 服务，代码如下：

```
[SC1]dhcp enable
Info: The operation may take a few seconds. Please wait for a
moment.done.
[SC1]ip pool vlan10
```

```
Info:It's successful to create an IP address pool.
[SC1-ip-pool-vlan10]network 172.31.10.0 mask 255.255.255.0
[SC1-ip-pool-vlan10]excluded-ip-address 172.31.10.252 172.31.10.253
[SC1-ip-pool-vlan10]gateway-list 172.31.10.254
[SC1-ip-pool-vlan10]dns-list 114.114.114.114
[SC1-ip-pool-vlan10]quit
[SC1]ip pool vlan20
Info:It's successful to create an IP address pool.
[SC1-ip-pool-vlan20]network 172.31.20.0 mask 255.255.255.0
[SC1-ip-pool-vlan20]excluded-ip-address 172.31.20.252 172.31.20.253
[SC1-ip-pool-vlan20]gateway-list 172.31.20.254
[SC1-ip-pool-vlan20]dns-list 114.114.114.114
[SC1-ip-pool-vlan20]quit
[SC1]ip pool vlan30
Info:It's successful to create an IP address pool.
[SC1-ip-pool-vlan30]network 172.31.30.0 mask 255.255.255.0
[SC1-ip-pool-vlan30]excluded-ip-address 172.31.30.252 172.31.30.253
[SC1-ip-pool-vlan30]gateway-list 172.31.30.254
[SC1-ip-pool-vlan30]dns-list 114.114.114.114
[SC1-ip-pool-vlan30]quit
[SC1]interface Vlanif 10
[SC1-Vlanif10]dhcp select global
[SC1-Vlanif10]quit
[SC1]interface Vlanif 20
[SC1-Vlanif20]dhcp select global
[SC1-Vlanif20]quit
[SC1]interface Vlanif 30
[SC1-Vlanif30]dhcp select global
[SC1-Vlanif30]quit
[SC1]
```

（2）在核心层交换机 SC2 上配置 DHCP 服务，代码如下：

```
[SC2]dhcp enable
Info: The operation may take a few seconds. Please wait for a
moment.done.
```

```
[SC2]ip pool vlan10
Info:It's successful to create an IP address pool.
[SC2-ip-pool-vlan10]network 172.31.10.0 mask 255.255.255.0
[SC2-ip-pool-vlan10]excluded-ip-address 172.31.10.252 172.31.10.253
[SC2-ip-pool-vlan10]gateway-list 172.31.10.254
[SC2-ip-pool-vlan10]dns-list 114.114.114.114
[SC2-ip-pool-vlan10]quit
[SC2]ip pool vlan20
Info:It's successful to create an IP address pool.
[SC2-ip-pool-vlan20]network 172.31.20.0 mask 255.255.255.0
[SC2-ip-pool-vlan20]excluded-ip-address 172.31.20.252 172.31.20.253
[SC2-ip-pool-vlan20]gateway-list 172.31.20.254
[SC2-ip-pool-vlan20]dns-list 114.114.114.114
[SC2-ip-pool-vlan20]quit
[SC2]ip pool vlan30
Info:It's successful to create an IP address pool.
[SC2-ip-pool-vlan30]network 172.31.30.0 mask 255.255.255.0
[SC2-ip-pool-vlan30]excluded-ip-address 172.31.30.252 172.31.30.253
[SC2-ip-pool-vlan30]gateway-list 172.31.30.254
[SC2-ip-pool-vlan30]dns-list 114.114.114.114
[SC2-ip-pool-vlan30]quit
[SC2]interface Vlanif 10
[SC2-Vlanif10]dhcp select global
[SC2-Vlanif10]quit
[SC2]interface Vlanif 20
[SC2-Vlanif20]dhcp select global
[SC2-Vlanif20]quit
[SC2]interface Vlanif 30
[SC2-Vlanif30]dhcp select global
[SC2-Vlanif30]quit
[SC2]
```

在完成上述配置后，计算机 PC1～PC4 就可以使用 DHCP 服务获取正确的 IPv4 地址了。如果不能获取正确的 IPv4 地址，则需要检查上述配置是否正确。

5．在核心层交换机上配置 VRRP

（1）在核心层交换机 SC1 上配置 VRRP，代码如下：

```
[SC1]interface Vlanif 10
[SC1-Vlanif10]vrrp vrid 10 virtual-ip 172.31.10.254
[SC1-Vlanif10]vrrp vrid 10 priority 120
[SC1-Vlanif10]vrrp vrid 10 track interface GigabitEthernet 0/0/24
reduced 30
[SC1-Vlanif10]vrrp vrid 10 preempt timer delay 10
[SC1-Vlanif10]quit
[SC1]interface Vlanif 20
[SC1-Vlanif20]vrrp vrid 20 virtual-ip 172.31.20.254
[SC1-Vlanif20]vrrp vrid 20 priority 120
[SC1-Vlanif20]vrrp vrid 20 track interface GigabitEthernet 0/0/24
reduced 30
[SC1-Vlanif20]vrrp vrid 20 preempt timer delay 10
[SC1-Vlanif20]quit
[SC1]interface Vlanif 30
[SC1-Vlanif30]vrrp vrid 30 virtual-ip 172.31.30.254
[SC1-Vlanif30]vrrp vrid 30 priority 100
[SC1-Vlanif30]vrrp vrid 30 preempt timer delay 0
[SC1-Vlanif30]quit
[SC1]interface Vlanif 100
[SC1-Vlanif100]vrrp vrid 100 virtual-ip 172.31.100.254
[SC1-Vlanif100]vrrp vrid 100 priority 100
[SC1-Vlanif100]vrrp vrid 100 preempt timer delay 0
[SC1-Vlanif100]quit
[SC1]
```

（2）在核心层交换机 SC2 上配置 VRRP，代码如下：

```
[SC2]interface Vlanif 10
[SC2-Vlanif10]vrrp vrid 10 virtual-ip 172.31.10.254
[SC2-Vlanif10]vrrp vrid 10 priority 100
[SC2-Vlanif10]vrrp vrid 10 preempt timer delay 0
[SC2-Vlanif10]quit
```

```
[SC2]interface Vlanif 20
[SC2-Vlanif20]vrrp vrid 20 virtual-ip 172.31.20.254
[SC2-Vlanif20]vrrp vrid 20 priority 100
[SC2-Vlanif20]vrrp vrid 20 preempt timer delay 0
[SC2-Vlanif20]quit
[SC2]interface Vlanif 30
[SC2-Vlanif30]vrrp vrid 30 virtual-ip 172.31.30.254
[SC2-Vlanif30]vrrp vrid 30 priority 120
[SC2-Vlanif30]vrrp vrid 30 track interface GigabitEthernet 0/0/24
reduced 30
[SC2-Vlanif30]vrrp vrid 30 preempt timer delay 10
[SC2-Vlanif30]quit
[SC2]interface Vlanif 100
[SC2-Vlanif100]vrrp vrid 100 virtual-ip 172.31.100.254
[SC2-Vlanif100]vrrp vrid 100 priority 120
[SC2-Vlanif100]vrrp vrid 100 track interface GigabitEthernet 0/0/24
reduced 30
[SC2-Vlanif100]vrrp vrid 100 preempt timer delay 10
[SC2-Vlanif100]quit
[SC2]
```

在完成上述配置后,分配了正确 IPv4 地址的 PC1 就可以 Ping 通 172.31.10.254
了。如果不能 Ping 通,则需要检查上述配置是否正确。

6．在交换机、路由器上配置路由协议

(1) 在路由器 OUT 上配置 OSPF 协议,代码如下:

```
[OUT]ip route-static 0.0.0.0 0 100.100.100.2
[OUT]ospf 1
[OUT-ospf-1]default-route-advertise
[OUT-ospf-1]area 0
[OUT-ospf-1-area-0.0.0.0]network 172.31.201.0 0.0.0.255
[OUT-ospf-1-area-0.0.0.0]network 172.31.202.0 0.0.0.255
[OUT-ospf-1-area-0.0.0.0]quit
[OUT-ospf-1]quit
[OUT]quit
```

```
<OUT>save
```

（2）在核心层交换机 SC1 上配置 OSPF 协议，代码如下：

```
[SC1]ospf 1
[SC1-ospf-1]area 0
[SC1-ospf-1-area-0.0.0.0]network 172.31.10.0 0.0.0.255
[SC1-ospf-1-area-0.0.0.0]network 172.31.20.0 0.0.0.255
[SC1-ospf-1-area-0.0.0.0]network 172.31.30.0 0.0.0.255
[SC1-ospf-1-area-0.0.0.0]network 172.31.100.0 0.0.0.255
[SC1-ospf-1-area-0.0.0.0]network 172.31.201.0 0.0.0.255
[SC1-ospf-1-area-0.0.0.0]quit
[SC1-ospf-1]quit
[SC1]quit
<SC1>save
```

（3）在核心层交换机 SC2 上配置 OSPF 协议，代码如下：

```
[SC2]ospf 1
[SC2-ospf-1]area 0
[SC2-ospf-1-area-0.0.0.0]network 172.31.10.0 0.0.0.255
[SC2-ospf-1-area-0.0.0.0]network 172.31.20.0 0.0.0.255
[SC2-ospf-1-area-0.0.0.0]network 172.31.30.0 0.0.0.255
[SC2-ospf-1-area-0.0.0.0]network 172.31.100.0 0.0.0.255
[SC2-ospf-1-area-0.0.0.0]network 172.31.202.0 0.0.0.255
[SC2-ospf-1-area-0.0.0.0]quit
[SC2-ospf-1]quit
[SC2]quit
<SC2>save
```

7. 在路由器 OUT 上配置 Easy IP 和 NAT Server

在路由器 OUT 上配置 Easy IP 和 NAT Server，代码如下：

```
//配置 Easy IP
[OUT]acl 2000
[OUT-acl-basic-2000]rule 5 permit source 172.31.0.0 0.0.255.255
[OUT-acl-basic-2000]quit
//配置 NAT Server
[OUT]interface Serial 1/0/0
```

```
[OUT-Serial1/0/0]nat outbound 2000

[OUT-Serial1/0/0]quit

[OUT]interface Serial 1/0/0

[OUT-Serial1/0/0]nat server protocol tcp global current-interface 80
inside 172.31.100.1 80

Warning:The port 80 is well-known port. If you continue it may
cause function failure.

Are you sure to continue?[Y/N]:y              //输入"y"

[OUT-Serial1/0/0]quit

[OUT]quit

<OUT>save
```

在完成上述配置后，PC1 可以 Ping 通 HTTP2 服务器，Client1 可以访问 HTTP2 服务器的 HTTP 站点，Client2 可以访问 HTTP 服务器的 HTTP 站点。如果不能，则需要检查上述配置是否正确。

项目拓展

本项目中的双核心园区网是基于大二层网络结构的网络，学有余力的读者可以将本项目改为基于三层网络结构的网络，并且保证网络的连通性。

项目验收

（1）使用 ipconfig 命令查看 PC1～PC4 的 IPv4 地址。

（2）在交换机 SC1、SC2、S1、S2 上执行 display stp brief 命令，查看相应的 MSTP 的运行状态，并且解释原因。

（3）在交换机 SC1、SC2 上执行 display vrrp 命令，查看 State、Virtual IP、Master IP、PriorityRun、PriorityConfig、MasterPriority 等参数，并且解释原因。

（4）使用 ping 命令测试 PC1 与 Client1 之间的连通性；检验 Client1 是否可以访问 HTTP 服务器的 HTTP 站点和 FTP 服务器的 FTP 站点；在交换机 SC1、SC2 和路由器 OUT 上执行 display ip routing-table 命令，查看路由表有没有学习到 OSPF 路由。

（5）检验 Client2 是否可以正常访问 HTTP 服务器的 HTTP 站点；在路由器

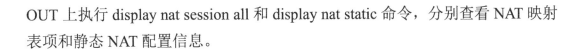

OUT 上执行 display nat session all 和 display nat static 命令，分别查看 NAT 映射表项和静态 NAT 配置信息。

项目评价

本项目的自我评价如表 4.3 所示。

表 4.3　本项目的自我评价

序号	自评内容	佐证内容	达标	未达标
1	DHCP 服务配置	PC1～PC4 能够正常获取 IPv4 地址		
2	MSTP 配置	在交换机 SC1、SC2、S1、S2 上执行 display stp brief 命令，查看相应的 MSTP 的运行状态		
3	VRRP 配置	在交换机 SC1、SC2 上执行 display vrrp 命令，查看 VRRP 备份组的状态信息和配置参数		
4	OSPF 协议配置	在交换机 SC1、SC2 和路由器 OUT 上执行 display ip routing-table 命令，查看路由表（路由表中应该包含学习到的 OSPF 路由）		
5	Easy IP 配置和 NAT Server 配置	在路由器 OUT 上执行 display nat session all 和 display nat static 命令，分别查看 NAT 映射表项和静态 NAT 配置信息		
6	项目综合完成情况	通过学习和练习，能够完成整个项目，并且能够清晰地介绍项目完成过程		

项目小结

本项目包含交换机、路由器的基础配置，交换机的 DHCP 服务配置、MSTP 配置、VRRP 配置，路由器、交换机的 OSPF 协议配置，路由器的 Easy IP 配置和 NAT Server 配置，使读者理解双核心园区网的相关知识，有助于读者未来自主搭建高稳定性和高可用性的双核心园区网。

将自己的学习心得写在下面。

_____

_____

_____

_____

项目 5 中小型无线局域网

✈ 项目背景

某中小型企业因发展需要，计划建设自己的局域网。这个新的网络要为企业提供一个可靠的、可扩展的、高效的网络环境，将企业的两个办公地点连接到一起，并且实现企业内部的信息保密与隔离。

考虑到企业的未来发展及业务需要，需要在办公地点一增加无线网络。该无线网络要保证以后可以方便地在办公地点二增加无线网络接入点（AP）。

假设你是该企业的网络工程师，负责完成该项目。

🔍 项目要求

（1）中小型无线局域网的网络拓扑图如图 5.1 所示（在本图中，使用 GE 表示 GigabitEthernet）。

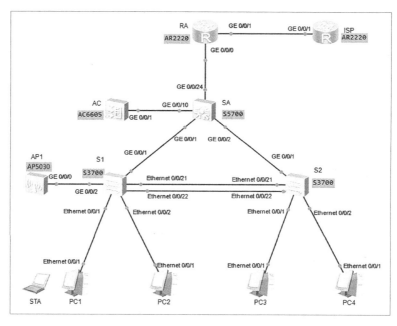

图 5.1　中小型无线局域网的网络拓扑图

（2）PC1、PC2 位于 IT 部，PC3、PC4 位于行政部；SA、S1 和 S2 是交换机；RA 是网络出口路由器；AC 是无线控制器，AP1 是无线接入点，STA 是无线终端设备；ISP 是运营商接入路由器。设备说明如表 5.1 所示（在本表中，使用 GE 表示 GigabitEthernet，使用 E 表示 Ethernet）。

表 5.1　设备说明

设备名称（型号）	接口	IP 地址/子网掩码	默认网关	接口属性	对端设备及接口
ISP（AR2220）	GE 0/0/1	100.100.100.2/30	—	—	RA：GE 0/0/1
RA（AR2220）	GE 0/0/1	100.100.100.1/30	100.100.100.2	—	ISP：GE 0/0/1
	GE 0/0/0	172.16.100.1/24	—	—	SA：GE 0/0/24
SA（S5700）	GE 0/0/1	—	—	Trunk	S1：GE 0/0/1
	GE 0/0/2	—	—	Trunk	S2：GE 0/0/1
	GE 0/0/10	—	—	Trunk	AC：GE 0/0/1
	GE 0/0/24	—	—	Access	RA：GE 0/0/0
	VLANIF 10	172.16.10.254/24	—	—	—
	VLANIF 11	172.16.11.254/24	—	—	—
	VLANIF 20	172.16.20.254/24	—	—	—
	VLANIF 30	172.16.30.254/24	—	—	—
	VLANIF 40	172.16.40.254/24	—	—	—
	VLANIF 100	172.16.100.254/24	—	—	—
S1（S3700）	E 0/0/1	—	—	Access	PC1：E 0/0/1
	E 0/0/2	—	—	Access	PC2：E 0/0/1
	E 0/0/21	—	—	Trunk	S2：E 0/0/21
	E 0/0/22	—	—	Trunk	S2：E 0/0/22
	GE 0/0/1	—	—	Trunk	SA：GE 0/0/1
	GE 0/0/2	—	—	Trunk	AP1：GE 0/0/0
S2（S3700）	E 0/0/1	—	—	Access	PC3：E 0/0/1
	E 0/0/2	—	—	Access	PC4：E 0/0/1
	E 0/0/21	—	—	Trunk	S1：E 0/0/21
	E 0/0/22	—	—	Trunk	S1：E 0/0/22
	GE 0/0/1	—	—	Trunk	SA：GE 0/0/2
AC（AC6605）	GE 0/0/1	—	—	Trunk	SA：GE 0/0/10
AP1（AP5030）	GE 0/0/0	—	—	Trunk	S1：GE 0/0/2
PC1	E 0/0/1	DHCP 获取	DHCP 获取	—	S1：E 0/0/1

设备名称（型号）	接口	IP 地址/子网掩码	默认网关	接口属性	对端设备及接口
PC2	E 0/0/1	DHCP 获取	DHCP 获取	—	S1：E 0/0/2
PC3	E 0/0/1	DHCP 获取	DHCP 获取	—	S2：E 0/0/1
PC4	E 0/0/1	DHCP 获取	DHCP 获取	—	S2：E 0/0/2
STA	—	DHCP 获取	DHCP 获取	—	AP1：无线网络获取

（3）VLAN 规划如表 5.2 所示。

表 5.2 VLAN 规划

VLAN ID	VLANIF 地址	包含设备	备注
10	SA：172.16.10.254/24；AC：172.16.10.253/24	SA、S1、S2、AC	网络设备管理网段，S1、S2 的管理配置省略
11	172.16.11.254/24	AP1	AP 所在网段
20	172.16.20.254/24	PC1、PC2	行政部网段
30	172.16.30.254/24	PC3、PC4	IT 部网段
40	172.16.40.254/24	STA 等无线网络用户	无线网络用户网段
100	172.16.100.254/24	RA	SA 与 RA 之间进行通信的网段

（4）无线网络配置规划如表 5.3 所示。

表 5.3 无线网络配置规划

无线网络配置技术点	配置要求
AP 管理 VLAN	VLAN 10
STA 业务 VLAN	VLAN 40
DHCP 服务器	交换机 SA 为 AP 及 SAT 等无线网络用户分配地址
AP 的 IP 地址池	172.16.11.0/24
STA 的 IP 地址池	172.16.40.0/24
AC 的源接口	172.16.10.253
AP 组	名称：apgroup
域管理模板	名称：default；国家码：cn
SSID 模板	名称：wlan-ssid；SSID：office
安全模板	名称：wlan-ap；安全策略：自定义；密码：自定义
VAP 模板	名称：wlan-vap；转发模式：隧道转发

（5）在交换机 S1、S2、SA 上创建 VLAN 并进行相关配置。

（6）在交换机 S1、S2 上配置链路聚合，增加网络带宽；在交换机 S1、S2 和 SA 上配置 RSTP，保障在网络通信发生故障时有备份链路。

（7）在交换机 SA 上配置 DHCP 服务，配置地址池，保障 PC1～PC4 能够动态获取 IPv4 地址。

（8）在交换机 SA 和路由器 RA 上配置静态路由，实现全网互通。

（9）配置无线网络，设置无线网络的名称为 "office"，并且保障无线网络用户可以动态获取 IPv4 地址。

（10）在路由器 RA 上配置 Easy IP，保证局域网用户能够正常访问互联网。

项目实施

参照图 5.1 搭建网络拓扑结构，连接网络设备，开启所有设备的电源。

1．配置交换机 S1、S2 和 SA

（1）配置交换机 S1，代码如下：

```
<Huawei>undo terminal monitor
Info: Current terminal monitor is off.
<Huawei>system-view
Enter system view, return user view with Ctrl+Z.
[Huawei]sysname S1
[S1]vlan batch 10 11 20 30 40 100              //批量创建 VLAN
Info: This operation may take a few seconds. Please wait for a
moment...done.
[S1]port-group 1                                //创建端口组 1
[S1-port-group-1]group-member Ethernet 0/0/1 to Ethernet 0/0/2
                                                //将端口加入端口组 1
[S1-port-group-1]port link-type access
[S1-port-group-1]port default vlan 20
[S1-port-group-1]quit
[S1]interface GigabitEthernet 0/0/1
[S1-GigabitEthernet0/0/1]port link-type trunk
[S1-GigabitEthernet0/0/1]port trunk allow-pass vlan all
```

```
[S1-GigabitEthernet0/0/1]quit

[S1]interface GigabitEthernet 0/0/2

[S1-GigabitEthernet0/0/2]port link-type trunk

[S1-GigabitEthernet0/0/2]port trunk pvid vlan 11

[S1-GigabitEthernet0/0/2]port trunk allow-pass vlan all

[S1-GigabitEthernet0/0/2]quit

[S1]interface eth-trunk 1                          //配置链路聚合

[S1-Eth-Trunk1]trunkport Ethernet 0/0/21 to 0/0/22

Info: This operation may take a few seconds. Please wait for a
moment...done.

[S1-Eth-Trunk1]port link-type trunk

[S1-Eth-Trunk1]port trunk allow-pass vlan all

[S1-Eth-Trunk1]quit

[S1]stp enable

[S1]stp mode rstp                                  //配置快速生成树协议

Info: This operation may take a few seconds. Please wait for a
moment...done.

[S1]port-group 1

[S1-port-group-1]stp edged-port enable
             //配置接口为边缘接口，边缘接口不会接受对端设备发过来的 BPDU

[S1-port-group-1]quit

[S1]quit

<S1>save
```

（2）配置交换机 S2，代码如下：

```
<Huawei>undo terminal monitor

Info: Current terminal monitor is off.

<Huawei>system-view

Enter system view, return user view with Ctrl+Z.

[Huawei]sysname S2

[S2]vlan batch 10 11 20 30 40 100                  //批量创建 VLAN

Info: This operation may take a few seconds. Please wait for a
moment...done.

[S2]port-group 2                                   //创建端口组 2
```

```
[S2-port-group-2]group-member Ethernet 0/0/1 to Ethernet 0/0/2
                                       //将端口加入端口组 2
[S2-port-group-2]port link-type access
[S2-port-group-2]port default vlan 30
[S2-port-group-2]quit
[S2]interface GigabitEthernet 0/0/1
[S2-GigabitEthernet0/0/1]port link-type trunk
[S2-GigabitEthernet0/0/1]port trunk allow-pass vlan all
[S2-GigabitEthernet0/0/1]quit
[S2]interface eth-trunk 1                    //配置链路聚合
[S2-Eth-Trunk1]trunkport Ethernet 0/0/21 to 0/0/22
Info: This operation may take a few seconds. Please wait for a
moment...done.
[S2-Eth-Trunk1]port link-type trunk
[S2-Eth-Trunk1]port trunk allow-pass vlan all
[S2-Eth-Trunk1]quit
[S2]stp enable
[S2]stp mode rstp                            //配置快速生成树协议
Info: This operation may take a few seconds. Please wait for a
moment...done.
[S2]port-group 2
[S2-port-group-2]stp edged-port enable
          //配置接口为边缘接口，边缘接口不会接受对端设备发过来的 BPDU
[S2-port-group-2]quit
[S2]quit
<S2>save
```

（3）配置交换机 SA，代码如下：

```
<Huawei>undo terminal monitor
Info: Current terminal monitor is off.
<Huawei>system-view
[Huawei]sysname SA
[SA]vlan batch 10 11 20 30 40 100              //批量创建 VLAN
Info: This operation may take a few seconds. Please wait for a
```

```
moment...done.
    [SA]interface Vlanif 10
    [SA-Vlanif10]ip address 172.16.10.254 24
    [SA-Vlanif10]quit
    [SA]interface Vlanif 11
    [SA-Vlanif11]ip address 172.16.11.254 24
    [SA-Vlanif11]quit
    [SA]interface Vlanif 20
    [SA-Vlanif20]ip address 172.16.20.254 24
    [SA-Vlanif20]quit
    [SA]interface Vlanif 30
    [SA-Vlanif30]ip address 172.16.30.254 24
    [SA-Vlanif30]quit
    [SA]interface Vlanif 40
    [SA-Vlanif40]ip address 172.16.40.254 24
    [SA-Vlanif40]quit
    [SA]interface Vlanif 100
    [SA-Vlanif100]ip address 172.16.100.254 24
    [SA-Vlanif100]quit
    [SA]interface GigabitEthernet 0/0/1
    [SA-GigabitEthernet0/0/1]port link-type trunk
    [SA-GigabitEthernet0/0/1]port trunk allow-pass vlan all
    [SA-GigabitEthernet0/0/1]quit
    [SA]interface GigabitEthernet 0/0/2
    [SA-GigabitEthernet0/0/2]port link-type trunk
    [SA-GigabitEthernet0/0/2]port trunk allow-pass vlan all
    [SA-GigabitEthernet0/0/2]quit
    [SA]interface GigabitEthernet 0/0/10
    [SA-GigabitEthernet0/0/10]port link-type trunk
    [SA-GigabitEthernet0/0/10]port trunk allow-pass vlan 10 11
    [SA-GigabitEthernet0/0/10]quit
    [SA]interface GigabitEthernet 0/0/24
    [SA-GigabitEthernet0/0/24]port link-type access
```

```
[SA-GigabitEthernet0/0/24]port default vlan 100
[SA-GigabitEthernet0/0/24]quit
[SA]stp enable
[SA]stp mode rstp                           //配置快速生成树协议
Info: This operation may take a few seconds. Please wait for a
moment...done.
[SA]stp priority 4096                       //配置交换机 SA 为根交换机
[SA]quit
<SA>save
```

在完成上述配置后，可以分别在交换机 SA、S1、S2 上执行 display stp brief 命令，查看相应的 RSTP 的运行状态。

2．配置 PC

PC1～PC4 的 IPv4 地址是使用 DHCP 服务自动分配的。PC1 的 IPv4 配置如图 5.2 所示。PC2～PC4 的 IPv4 配置参考 PC1 的 IPv4 配置。

图 5.2 PC1 的 IPv4 配置

3．在交换机 SA 上配置 DHCP 服务

在交换机 SA 上配置 DHCP 服务，代码如下：

```
[SA]dhcp enable                             //开启 DHCP 功能
Info: The operation may take a few seconds. Please wait for a
```

```
moment.done.
    [SA]ip pool vlan11                                    //AP 地址池
    Info:It's successful to create an IP address pool.
    [SA-ip-pool-vlan11]network 172.16.11.0 mask 255.255.255.0
    [SA-ip-pool-vlan11]lease day 3
    [SA-ip-pool-vlan11]gateway-list 172.16.11.254
    [SA-ip-pool-vlan11]dns-list 114.114.114.114
    [SA-ip-pool-vlan11]option 43 sub-option 3 ascii 172.16.10.253
    [SA-ip-pool-vlan11]quit
    [SA]ip pool vlan20
    Info:It's successful to create an IP address pool.
    [SA-ip-pool-vlan20]network 172.16.20.0 mask 255.255.255.0
    [SA-ip-pool-vlan20]lease day 3
    [SA-ip-pool-vlan20]gateway-list 172.16.20.254
    [SA-ip-pool-vlan20]dns-list 114.114.114.114
    [SA-ip-pool-vlan20]quit
    [SA]ip pool vlan30
    Info:It's successful to create an IP address pool.
    [SA-ip-pool-vlan30]network 172.16.30.0 mask 255.255.255.0
    [SA-ip-pool-vlan30]lease day 3
    [SA-ip-pool-vlan30]gateway-list 172.16.30.254
    [SA-ip-pool-vlan30]dns-list 114.114.114.114
    [SA-ip-pool-vlan30]quit
    [SA]ip pool vlan40                                    //无线网络用户地址池
    Info:It's successful to create an IP address pool.
    [SA-ip-pool-vlan40]network 172.16.40.0 mask 255.255.255.0
    [SA-ip-pool-vlan40]lease day 3
    [SA-ip-pool-vlan40]gateway-list 172.16.40.254
    [SA-ip-pool-vlan40]dns-list 114.114.114.114
    [SA-ip-pool-vlan40]quit
    [SA]interface Vlanif 11
    [SA-Vlanif11]dhcp select global
    [SA-Vlanif11]quit
```

```
[SA]interface Vlanif 20

[SA-Vlanif20]dhcp select global

[SA-Vlanif20]quit

[SA]interface Vlanif 30

[SA-Vlanif30]dhcp select global

[SA-Vlanif30]quit

[SA]interface Vlanif 40

[SA-Vlanif40]dhcp select global

[SA-Vlanif40]quit

[SA]quit
```

在完成 DHCP 服务的配置后，PC1～PC4 就可以自动获取 IPv4 地址了。

4．路由器及静态路由配置

（1）交换机 SA 的静态路由配置如下：

```
[SA]ip route-static 0.0.0.0 0 172.16.100.1          //配置默认路由

[SA]quit

<SA>save
```

（2）路由器 RA 的基础配置和静态路由配置如下：

```
<Huawei>undo terminal monitor

Info: Current terminal monitor is off.

<Huawei>system-view

Enter system view, return user view with Ctrl+Z.

[Huawei]sysname RA

[R]interface GigabitEthernet 0/0/0

[R-GigabitEthernet0/0/0]ip address 172.16.100.1 24

[R-GigabitEthernet0/0/0]quit

[R]interface GigabitEthernet 0/0/1

[R-GigabitEthernet0/0/1]ip address 100.100.100.1 30

[R-GigabitEthernet0/0/1]quit

[R]ip route-static 0.0.0.0 0 100.100.100.2          //配置默认路由

[R]ip route-static 172.16.0.0 16 172.16.100.254
```

```
                                             //配置回指 172.16.0.0 的路由
```

（3）路由器 ISP 的基础配置如下：

```
<Huawei>undo terminal monitor
Info: Current terminal monitor is off.
<Huawei>system-view
Enter system view, return user view with Ctrl+Z.
[Huawei]sysname ISP
[ISP]interface GigabitEthernet 0/0/1
[ISP-GigabitEthernet0/0/1]ip address 100.100.100.2 30
[ISP-GigabitEthernet0/0/1]quit
[ISP]quit
<ISP>save
```

在完成以上配置后，PC1 就可以 Ping 通 100.100.100.1 和 172.16.100.1 了。

5．配置无线网络

（1）无线控制器 AC 的基础配置如下：

```
<AC6005>undo terminal monitor
Info: Current terminal monitor is off.
<AC6605>system-view
Enter system view, return user view with Ctrl+Z.
[AC6605]sysname AC
[AC]vlan batch 10 11 40
[AC]interface vlan 10                         //配置并管理 VLAN
[AC-Vlanif1]ip address 172.16.10.253 24
[AC-Vlanif1]quit
[AC]interface GigabitEthernet 0/0/1
[AC-GigabitEthernet0/0/1]port link-type trunk
[AC-GigabitEthernet0/0/1]port trunk allow-pass vlan 10 11 40
[AC-GigabitEthernet0/0/1]quit
[AC]ip route-static 172.16.11.0 24 172.16.10.254
          //配置 AP 所在网段的静态路由，下一跳为 SA 的 vlanif 10 地址
```

（2）配置 AP，使其上线，代码如下：

```
[AC]capwap source interface vlanif 10         //配置 AC 的源接口
[AC]wlan
```

```
[AC-wlan-view]regulatory-domain-profile name default
                                    //创建域管理模板
[AC-wlan-regulate-domain-default]country-code cn //配置 AC 的国家码
Info: The current country code is same with the input country code.
[AC-wlan-regulate-domain-default]quit
[AC-wlan-view]ap-group name apgroup   //创建名为 "apgroup" 的 AP 组
Info: This operation may take a few seconds. Please wait for a
moment.done.
[AC-wlan-ap-group-apgroup]regulatory-domain-profile default
                                    //在 AP 组 apgroup 中引用域管理模板
Warning: Modifying the country code will clear channel, power
and antenna gain configurations of the radio and reset the AP.
Continue?[Y/N]:y                              //输入 "y"
[AC-wlan-ap-group-bggroup]quit
[AC-wlan-view]
```

查询 AP1 的 MAC 地址，可以使用 GigabitEthernet 0/0/0 接口的 MAC 地址，获得该地址的操作如图 5.3 所示。

```
<Huawei>display interface GigabitEthernet 0/0/0
GigabitEthernet0/0/0 current state : UP
Line protocol current state : UP
Description:HUAWEI, AP Series, GigabitEthernet0/0/0 Interface
Switch Port, PVID :    1, TPID : 8100(Hex), The Maximum Frame Length is 1800
IP Sending Frames' Format is PKTFMT_ETHNT_2, Hardware address is 00e0-fca3-50c0
Last physical up time   : 2023-06-11 06:44:13 UTC-05:13
Last physical down time : 2023-06-11 06:44:10 UTC-05:13
Current system time: 2023-06-11 08:16:11-05:13
Port Mode: COMMON COPPER
Speed :    0,  Loopback: NONE
Duplex: HALF,  Negotiation: DISABLE
Mdi   : AUTO
Last 300 seconds input rate 0 bits/sec, 0 packets/sec
Last 300 seconds output rate 0 bits/sec, 0 packets/sec
Input peak rate 0 bits/sec,Record time: -
Output peak rate 0 bits/sec,Record time: -
```

图 5.3　AP1 的 MAC 地址使用 GigabitEthernet 0/0/0 接口的 MAC 地址

在 AC 上关联 AP1，并且将 AP1 加入 AP 组，代码如下：

```
[AC-wlan-view]ap auth-mode mac-auth       //MAC 地址认证
//使 ap-id 1 关联 AP1, 00e0-fca3-50c0 为 AP1 使用的 GigabitEthernet 0/0/0
接口的 MAC 地址
[AC-wlan-view]ap-id 1 ap-mac 00e0-fca3-50c0
[AC-wlan-ap-1]ap-name AP1
```

```
[AC-wlan-ap-1]ap-group apgroup
                              //将 ap-id 1 加入 AP 组 apgroup
Warning: This operation may cause AP reset. If the country code
changes, it will clear channel, power and antenna gain configurations
of the radio, Whether to continue? [Y/N]:y              //输入 "y"
Info: This operation may take a few seconds. Please wait for a
moment.. done.
[AC-wlan-ap-1]quit
[AC-wlan-view]quit
[AC]
```

（3）检查 AP 的上线情况。

在确认 AP 开启后，在 AC 上执行 display ap all 命令，如果在结果中看到 AP 的 "State" 为 "nor"，则表示 AP 正常上线，如图 5.4 所示。

```
[AC]display ap all
Info: This operation may take a few seconds. Please wait for a moment.done.
Total AP information:
nor  : normal          [1]
--------------------------------------------------------------------
----------
ID   MAC            Name Group   IP          Type         State STA Uptime
--------------------------------------------------------------------
----------
1    00e0-fca3-50c0 AP1  apgroup 172.16.11.253 AP3030DN       nor   0   12S
--------------------------------------------------------------------
----------
Total: 1
[AC]
```

图 5.4　AP 上线情况

（4）配置无线网络业务。

配置 VLAN 地址池，代码如下：

```
[AC]vlan pool sta-pool
    //创建名为 "sta-pool" 的地址池，为 STA（无线网络中的终端）提供地址
[AC-vlan-pool-sta-pool]vlan 40
[AC-vlan-pool-sta-pool]quit
[AC]
```

配置安全模板，代码如下：

```
[AC]wlan
[AC-wlan-view]security-profile name wlan-ap
                    //创建名为 "wlan-ap" 的安全模板
[AC-wlan-sec-prof-wlan-ap]security  wpa-wpa2  psk  pass-phrase
```

o1234567 aes

　　　　//配置安全模板 wlan-ap 的安全策略，设置 Wi-Fi 密码为 "o1234567"

[AC-wlan-sec-prof-wlan-net]quit

[AC-wlan-view]

配置 SSID 模板，代码如下：

[AC-wlan-view]ssid-profile name wlan-ssid

　　　　　　//创建名为 "wlan-ssid" 的 SSID 模板

[AC-wlan-ssid-prof-wlan-ssid]ssid office

　　　　　　//配置 SSID 名称为 "office"

Info: This operation may take a few seconds, please wait.done.

[AC-wlan-ssid-prof-wlan-ssid]quit

[AC-wlan-view]

配置 VAP 模板，代码如下：

[AC-wlan-view]vap-profile name wlan-vap

　　　　　　//创建名为 "wlan-vap" 的 VAP 模板

[AC-wlan-vap-prof-wlan-vap]forward-mode tunnel

　　　　　　//配置业务数据转发模式为隧道模式

Info: This operation may take a few seconds, please wait.done.

[AC-wlan-vap-prof-wlan-vap]service-vlan vlan-pool sta-pool

　　　　　　//配置业务 VLAN 为刚刚创建的 VLAN 地址池 sta-pool

Info: This operation may take a few seconds, please wait.done.

[AC-wlan-vap-prof-wlan-vap]security-profile wlan-ap

　　　　　　//引用创建的安全模板 wlan-ap

Info: This operation may take a few seconds, please wait.done.

[AC-wlan-vap-prof-wlan-vap]ssid-profile wlan-ssid

　　　　　　//引用创建的 SSID 模板 wlan-ssid

Info: This operation may take a few seconds, please wait.done.

[AC-wlan-vap-prof-wlan-vap] quit

配置 AP 组，引用 VAP 模板，代码如下：

[AC-wlan-view]ap-group name apgroup　　//选择 AP 组 apgroup

[AC-wlan-ap-group-apgroup] vap-profile wlan-vap wlan 1 radio 0

　　　　//AP 组的射频 0（2.4GHz）使用 VAP 模板 wlan-vap 的配置

Info: This operation may take a few seconds, please wait...done.

```
[AC-wlan-ap-group-apgroup] vap-profile wlan-vap wlan 1 radio 1
                //AP 组的射频 1（5GHz）使用 VAP 模板 wlan-vap 的配置
Info: This operation may take a few seconds, please wait...done.
[AC-wlan-ap-group-bggroup] quit
[AC-wlan-view]quit
[AC]quit
<AC>save
```

（5）在 AC 上查看创建的 SSID 的 VAP 信息。

在 AC 上执行 display vap ssid office 命令，查看创建的 SSID 的 VAP 信息，当“Status”为“ON”时，表示 AP 组射频上的 VAP 已创建成功，如图 5.5 所示。

```
[AC]display vap ssid office
Info: This operation may take a few seconds, please wait.
WID : WLAN ID
----------------------------------------------------------------------------
AP ID AP name RfID WID  BSSID          Status  Auth type     STA   SSID
----------------------------------------------------------------------------
1     AP1     0    1    00E0-FCA3-50C0 ON      WPA/WPA2-PSK  0     office
1     AP1     1    1    00E0-FCA3-50D0 ON      WPA/WPA2-PSK  0     office
----------------------------------------------------------------------------
Total: 2
[AC]
```

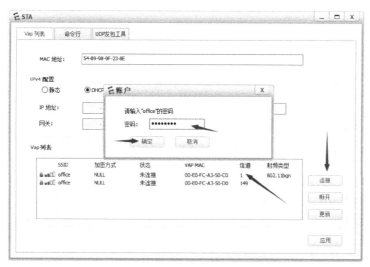

图 5.5　查看创建的 SSID 的 VAP 信息

（6）STA 连接无线网络测试。

双击 STA，打开“STA”窗口，在“Vap 列表”选区中选择“信道”为“1”的 office 无线网络，在弹出的“账户”对话框中输入密码“o1234567”，单击“确定”按钮，如图 5.6 所示。

图 5.6　STA 连接无线网络测试

如果"Vap 列表"选区中的"状态"为"已连接",则表示无线网络连接成功,如图 5.7 所示,画面显示效果如图 5.8 所示。

图 5.7　STA 连接无线网络成功

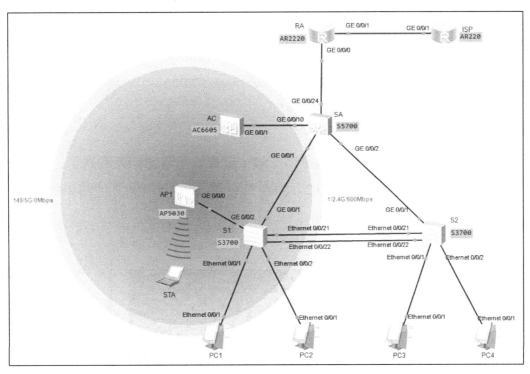

图 5.8　STA 连接无线网络成功的画面显示效果

在"STA"窗口中选择"命令行"选项卡,输入命令"ipconfig",查看 STA 获取的 IPv4 地址,如图 5.9 所示。

图 5.9   查看 STA 获取的 IPv4 地址

6．在路由器 RA 上配置 Easy IP

在路由器 RA 上配置 Easy IP，代码如下：

```
[RA]acl 2000                      //配置 ACL
[RA-acl-basic-2000]rule 5 permit source 192.168.0.0 0.0.255.255
                          //允许和公有 IP 地址池映射的私有 IP 地址
[RA-acl-basic-2000]quit
[RA]interface GigabitEthernet 0/0/1
[RA-GigabitEthernet0/0/1]nat outbound 2000
[RA-GigabitEthernet0/0/1]quit
<RA>save
```

在完成对 Easy IP 的配置后，PC1、STA 就可以正常访问互联网了，即 PC1、STA 都可以 Ping 通 100.100.100.2。STA Ping 通 100.100.100.2 的结果如图 5.10 所示。

图 5.10   STA Ping 通 100.100.100.2 的结果

项目验收

（1）使用 ipconfig 命令查看 PC1～PC4 的 IPv4 地址，检验 DHCP 服务是否配置成功。

（2）使用 ping 命令测试 PC1 与 PC4 之间的连通性。

（3）使用 ping 命令测试 PC1 与路由器 RA 之间的连通性。

（4）在交换机 S1 上执行 display stp brief 命令，查看相应的 RSTP 的运行状态。

（5）在 AC 上执行 display ap all 命令，如果 AP 的"State"为"nor"，则表示 AP 正常上线。

（6）在 AC 上执行 display vap ssid office 命令，查看创建的 SSID 的 VAP 信息，如果"Status"为"ON"，则表示 AP 组射频上的 VAP 已创建成功。

（7）使用 STA 连接"信道"为"1"的 office 无线网络，在弹出的对话框中输入"o1234567"并单击"确定"按钮，然后执行 ipconfig 命令，查看获取的 IPv4 地址。

项目评价

本项目的自我评价如表 5.4 所示。

表 5.4　本项目的自我评价

序号	自评内容	佐证内容	达标	未达标
1	DHCP 服务配置	PC1～PC4 能够正常获取 IPv4 地址		
2	局域网通信情况	PC1 可以与 PC4、RA 进行通信		
3	RSTP 配置	在交换机 S1 上执行 display stp brief 命令，查看相应的 RSTP 的运行状态		
4	AP 上线情况	AP 能够正常上线		
5	AP 射频创建情况	每台 AP 都有 2 个不同的频段		
6	STA 连接情况	STA 能够正常连接 Wi-Fi，并且能够获取 IPv4 地址		
7	项目综合完成情况	通过学习和练习，能够完成整个项目，并且能够清晰地介绍项目完成过程		

📖 项目小结

本项目包含路由器、交换机的基础配置，交换机的 DHCP 服务配置，以及无线网络配置，有助于读者提高对网络设备的综合管理和运维能力。

将自己的学习心得写在下面。

_____

_____

_____

_____

_____

_____

_____

_____

_____

_____

_____

项目 6 搭建园区综合办公网络

📨 项目背景

某公司的办公地点一、办公地点二和服务器机房位于同一个办公区域。现在要求办公地点一、办公地点二和服务器机房之间的网络能够连通；要求对办公地点一、办公地点二进行无线网络覆盖，并且无线网络设备可以实现无线漫游；要求公司内部设备可以正常访问互联网（可以访问 HTTP 服务器的 HTTP 站点）。

假设你是该公司的网络工程师，现在需要根据网络拓扑图及要求进行设备调试。

🔍 项目要求

（1）某公司的园区综合办公网络（下文简称"公司园区网"）的网络拓扑图如图 6.1 所示（在本图中，使用 GE 表示 GigabitEthernet）。

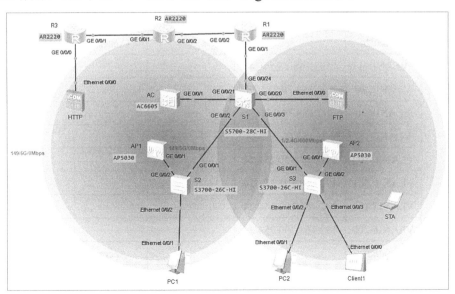

图 6.1 公司园区网的网络拓扑图

（2）PC1、STA 位于办公地点一，PC2、Client1 位于办公地点二；S1 是核心层交换机，S2 和 S3 是接入层交换机；AC 是公司园区网的无线控制器，AP1、AP2 是公司园区网的无线接入点；FTP 服务器是公司园区网的内网服务器；R1 是公司园区网的网络出口路由器，R2、R3 是互联网上的路由器；HTTP 服务器是互联网上的 HTTP 服务器。设备说明如表 6.1 所示（在本表中，使用 GE 表示 GigabitEthernet，使用 E 表示 Ethernet）。

表 6.1 设备说明

设备名称 （型号）	接口	IP 地址/子网掩码	默认网关	接口属性	对端设备及接口
HTTP （Server）	E 0/0/0	200.200.220.1/30	200.200.220.2	—	R3：GE 0/0/0
R3 （AR2220）	GE 0/0/0	200.200.220.2/30	—	—	HTTP：E 0/0/0
	GE 0/0/1	200.200.210.2/30	—	—	R2：GE 0/0/1
R2 （AR2220）	GE 0/0/1	200.200.210.1/30	—	—	R3：GE 0/0/1
	GE 0/0/2	200.200.200.2/30	—	—	R1：GE 0/0/2
R1 （AR2220）	GE 0/0/1	192.168.200.1/24	—	—	S1：GE 0/0/24
	GE 0/0/2	200.200.200.1/30	200.200.200.2	—	R2：GE 0/0/2
S1 （S5700）	GE 0/0/2	—	—	Trunk	S2：GE 0/0/1
	GE 0/0/3	—	—	Trunk	S3：GE 0/0/1
	GE 0/0/20	—	—	Access	FTP：E 0/0/0
	GE 0/0/21	—	—	Trunk	AC：GE 0/0/1
	GE 0/0/24	—	—	Access	R1：GE 0/0/1
	VLANIF 1	192.168.1.254/24	—	—	—
	VLANIF 20	192.168.20.254/24	—	—	—
	VLANIF 30	192.168.30.254/24	—	—	—
	VLANIF 40	192.168.40.254/24	—	—	—
	VLANIF 100	192.168.100.254/24	—	—	—
	VLANIF 101	192.168.101.254/24	—	—	—
	VLANIF 102	192.168.102.254/24	—	—	—
	VLANIF 200	192.168.200.254/24	—	—	—
S2 （S3700）	E 0/0/2	—	—	Access	PC1：E 0/0/1
	GE 0/0/1	—	—	Trunk	S1：GE 0/0/2
	GE 0/0/2	—	—	Trunk	AP1：GE 0/0/1

设备名称（型号）	接口	IP 地址/子网掩码	默认网关	接口属性	对端设备及接口
S3（S3700）	E 0/0/2	—	—	Access	PC2：E 0/0/1
	E 0/0/3	—	—	Access	Client1：E 0/0/0
	GE 0/0/1	—	—	Trunk	S1：GE 0/0/3
	GE 0/0/2	—	—	Trunk	AP2：GE 0/0/1
AC（AC6605）	GE 0/0/1	—	—	Trunk	S1：GE 0/0/21
	VLANIF 1	192.168.1.253/24	192.168.1.254	—	—
AP1（AP5030）	GE 0/0/1	DHCP 获取	DHCP 获取	—	S2：GE 0/0/2
AP2（AP5030）	GE 0/0/1	DHCP 获取	DHCP 获取	—	S3：GE 0/0/2
FTP（Server）	E 0/0/0	192.168.40.1/24	192.168.40.254	—	S1：GE 0/0/20
PC1	E 0/0/1	DHCP 获取	DHCP 获取	—	S2：E 0/0/2
PC2	E 0/0/1	DHCP 获取	DHCP 获取	—	S3：E 0/0/2
STA	—	DHCP 获取	DHCP 获取	—	AP 组：无线网络获取
Client1	E 0/0/0	192.168.30.100/24	192.168.30.254	—	S3：E 0/0/3

（3）VLAN 规划如表 6.2 所示。

表 6.2 VLAN 规划

VLAN ID	VLANIF 地址	包含设备	备注
1	S1：192.168.1.254/24；AC：192.168.1.253/24	S1、S2、S3、AC	网络设备管理网段，S2、S3 的管理配置省略
20	192.168.20.254/24	PC1	计算机接入网段
30	192.168.30.254/24	PC2、Client1	计算机接入网段
40	192.168.40.254/24	FTP	服务器网段
100	192.168.100.254/24	AP1、AP2	AP 所在网段
101	192.168.101.254/24	STA 等无线网络用户	无线网络用户网段
102	192.168.102.254/24		
200	192.168.200.254/24	R1	S1 与 R1 之间进行通信的网段

（4）无线网络配置规划如表 6.3 所示。

表 6.3　无线网络配置规划

无线网络配置技术点	配置要求
AP 管理 VLAN	VLAN 1
STA 业务 VLAN	VLAN 101、VLAN 102
DHCP 服务器	无线控制器 AC 为 AP 分配地址，交换机 S1 为 STA 等无线网络用户分配地址
AP 的 IP 地址池	172.16.100.0/24
STA 的 IP 地址池	172.16.101.0/24、172.16.102.0/24、
AC 的源接口	172.16.1.253
AP 组	名称：apgroup
域管理模板	名称：default；国家码：cn
SSID 模板	名称：wlan-ssid；SSID：office
安全模板	名称：wlan-ap；安全策略：自定义；密码：自定义
VAP 模板	名称：wlan-vap；转发模式：隧道转发

（5）在交换机 S1、S2、S3 上创建 VLAN 并进行相关配置；在核心层交换机 S1 上配置 DHCP 服务（要有 DNS 参数），方便客户端动态获取 IPv4 地址；在核心层交换机 S1、路由器 R1 上配置静态路由，保证公司园区网的连通性。

（6）为了减轻核心层交换机 S1 的业务压力，在路由器 R1 上配置 DHCP 服务，并且在核心层交换机 S1 上配置 DHCP 中继，保障 PC1、PC2 能够动态获取 IPv4 地址。

（7）配置 FTP 服务器的 FTP 站点，以便公司园区网用户可以正常访问 FTP 服务器的 FTP 站点（Client1 访问验证）。

（8）配置无线网络，设置无线网络的名称为"office"，并且保障无线网络用户可以动态获取 IPv4 地址。

（9）在路由器 R1 上配置 Easy IP，使公司园区网用户能够正常访问互联网。

（10）在互联网路由器 R2、R3 上配置 OSPF 协议，并且配置接口认证（认证口令为"huawei"）。

（11）配置互联网上的 HTTP 服务器的 HTTP 站点，以便互联网用户可以正常访问 HTTP 服务器的 HTTP 站点（Client1 访问验证）。

项目实施

参照图 6.1 搭建网络拓扑结构，连接网络设备，开启所有设备的电源。

1. 配置交换机 S1、S2 和 S3

（1）配置核心层交换机 S1，代码如下：

```
<Huawei>undo terminal monitor
Info: Current terminal monitor is off.
<Huawei>system-view
Enter system view, return user view with Ctrl+Z.
[Huawei]sysname S1
[S1]vlan batch 20 30 40 100 101 102 200
Info: This operation may take a few seconds. Please wait for a
moment...done.
[S1]interface GigabitEthernet 0/0/2
[S1-GigabitEthernet0/0/2]port link-type trunk
[S1-GigabitEthernet0/0/2]port trunk allow-pass vlan all
[S1-GigabitEthernet0/0/2]quit
[S1]interface GigabitEthernet 0/0/3
[S1-GigabitEthernet0/0/3]port link-type trunk
[S1-GigabitEthernet0/0/3]port trunk allow-pass vlan all
[S1-GigabitEthernet0/0/3]quit
[S1]interface GigabitEthernet 0/0/20
[S1-GigabitEthernet0/0/20]port link-type access
[S1-GigabitEthernet0/0/20]port default vlan 40
[S1-GigabitEthernet0/0/20]quit
[S1]interface GigabitEthernet 0/0/21
[S1-GigabitEthernet0/0/21]port link-type trunk
[S1-GigabitEthernet0/0/21]port trunk allow-pass vlan 100 101 102
[S1-GigabitEthernet0/0/21]quit
[S1]interface GigabitEthernet 0/0/24
[S1-GigabitEthernet0/0/24]port link-type access
[S1-GigabitEthernet0/0/24]port default vlan 200
```

```
[S1-GigabitEthernet0/0/24]quit
[S1]interface vlan 1                        //配置管理 VLAN
[S1-Vlanif1]ip add 192.168.1.254 24
[S1-Vlanif1]quit
[S1]interface vlan 20
[S1-Vlanif20]ip add 192.168.20.254 24
[S1-Vlanif20]quit
[S1]interface vlan 30
[S1-Vlanif30]ip add 192.168.30.254 24
[S1-Vlanif30]quit
[S1]interface vlan 40
[S1-Vlanif40]ip add 192.168.40.254 24
[S1-Vlanif40]quit
[S1]interface vlan 100
[S1-Vlanif100]ip add 192.168.100.254 24
[S1-Vlanif100]quit
[S1]interface vlan 101
[S1-Vlanif101]ip add 192.168.101.254 24
[S1-Vlanif101]quit
[S1]interface vlan 102
[S1-Vlanif102]ip add 192.168.102.254 24
[S1-Vlanif102]quit
[S1]interface vlan 200
[S1-Vlanif200]ip add 192.168.200.254 24
[S1-Vlanif200]quit
[S1]
```

（2）配置接入层交换机 S2，代码如下：

```
<Huawei>undo terminal monitor
Info: Current terminal monitor is off.
<Huawei>system-view
Enter system view, return user view with Ctrl+Z.
[Huawei]sysname S2
```

```
[S2]vlan batch 20 100 101 102

Info: This operation may take a few seconds. Please wait for a

moment...done.

[S2]interface GigabitEthernet 0/0/1

[S2-GigabitEthernet0/0/1]port link-type trunk

[S2-GigabitEthernet0/0/1]port trunk allow-pass vlan all

[S2-GigabitEthernet0/0/1]quit

[S2]interface GigabitEthernet 0/0/2

[S2-GigabitEthernet0/0/2]port link-type trunk

[S2-GigabitEthernet0/0/2]port trunk pvid vlan 100

[S2-GigabitEthernet0/0/2]port trunk allow-pass vlan all

[S2-GigabitEthernet0/0/2]quit

[S2]interface Ethernet 0/0/2

[S2-Ethernet0/0/2]port link-type access

[S2-Ethernet0/0/2]port default vlan 20

[S2-Ethernet0/0/2]quit

[S2]quit

<S2>save
```

（3）配置接入层交换机 S3，代码如下：

```
<Huawei>undo terminal monitor

Info: Current terminal monitor is off.

<Huawei>system-view

Enter system view, return user view with Ctrl+Z.

[Huawei]sysname S3

[S3]vlan batch 30 100 101 102

Info: This operation may take a few seconds. Please wait for a

moment...done.

[S3]interface GigabitEthernet 0/0/1

[S3-GigabitEthernet0/0/1]port link-type trunk·

[S3-GigabitEthernet0/0/1]port trunk allow-pass vlan all

[S3-GigabitEthernet0/0/1]quit

[S3]interface GigabitEthernet 0/0/2
```

```
[S3-GigabitEthernet0/0/2]port link-type trunk
[S3-GigabitEthernet0/0/2]port trunk pvid vlan 100
[S3-GigabitEthernet0/0/2]port trunk allow-pass vlan all
[S3-GigabitEthernet0/0/2]quit
[S3]interface Ethernet 0/0/2
[S3-Ethernet0/0/2]port link-type access
[S3-Ethernet0/0/2]port default vlan 30
[S3-Ethernet0/0/2]quit
[S3]interface Ethernet 0/0/3
[S3-Ethernet0/0/2]port link-type access
[S3-Ethernet0/0/2]port default vlan 30
[S3-Ethernet0/0/2]quit
[S3]quit
<S3>save
```

2．配置 PC1、PC2、Client1 和 FTP

（1）PC1、PC2 的 IPv4 地址是使用 DHCP 服务自动分配的，PC1 的 IPv4 配置如图 6.2 所示，PC2 的 IPv4 配置参考 PC1 的 IPv4 配置。

图 6.2　PC1 的 IPv4 配置

（2）Client 的 IPv4 地址需要手动进行配置。根据项目要求，Client1 的 IPv4 配置如图 6.3 所示。

图 6.3　Client1 的 IPv4 配置

（3）根据项目要求，首先进行 FTP 服务器的 IPv4 配置，如图 6.4 所示；然后进行 FTP 服务器的 FtpServer 配置（FTP 站点配置），设置"文件根目录"（事先在当前计算机的 D 盘中创建 FTP 文件夹，并且在 FTP 文件夹中创建 TEST.txt 文件）并单击"启动"按钮，如图 6.5 所示。

图 6.4　FTP 服务器的 IPv4 配置

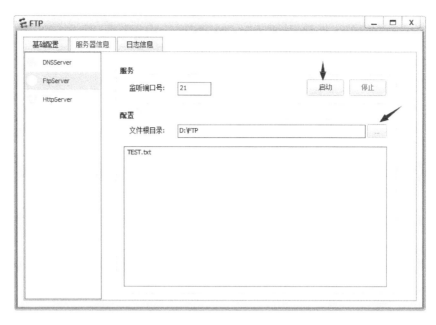

图 6.5　FTP 服务器的 FtpServer 配置

3．配置 DHCP 服务

（1）路由器 R1 的基础配置如下：

```
<Huawei>undo terminal monitor
Info: Current terminal monitor is off.
<Huawei>system-view
Enter system view, return user view with Ctrl+Z.
[Huawei]sysname R1
[R1]interface GigabitEthernet 0/0/1
[R1-GigabitEthernet0/0/1]ip address 192.168.200.1 24
[R1-GigabitEthernet0/0/1]dhcp select global
[R1-GigabitEthernet0/0/1]quit
[R1]interface GigabitEthernet 0/0/2
[R1-GigabitEthernet0/0/2]ip address 200.200.200.1 30
[R1-GigabitEthernet0/0/2]quit
[R1]
```

（2）在路由器 R1 上配置 DHCP 服务，代码如下：

```
[R1]dhcp enable                    //开启 DHCP 功能，准备配置 DHCP 地址池
Info: The operation may take a few seconds. Please wait for a
moment.done.
```

```
[R1]ip pool vlan20

Info: It's successful to create an IP address pool.

[R1-ip-pool-vlan20]network 192.168.20.0 mask 255.255.255.0

[R1-ip-pool-vlan20]gateway-list 192.168.20.254

[R1-ip-pool-vlan20]dns-list 114.114.114.114

[R1-ip-pool-vlan20]quit

[R1]ip pool vlan30

Info: It's successful to create an IP address pool.

[R1-ip-pool-vlan30]network 192.168.30.0 mask 255.255.255.0

[R1-ip-pool-vlan30]gateway-list 192.168.30.254

[R1-ip-pool-vlan30]dns-list 114.114.114.114

[R1-ip-pool-vlan30]excluded-ip-address 192.168.30.100

[R1-ip-pool-vlan30]quit

[R1]ip pool vlan101

Info: It's successful to create an IP address pool.

[R1-ip-pool-vlan101]network 192.168.101.0 mask 255.255.255.0

[R1-ip-pool-vlan101]gateway-list 192.168.101.254

[R1-ip-pool-vlan101]dns-list 114.114.114.114

[R1-ip-pool-vlan101]quit

[R1]ip pool vlan102

Info: It's successful to create an IP address pool.

[R1-ip-pool-vlan102]network 192.168.102.0 mask 255.255.255.0

[R1-ip-pool-vlan102]gateway-list 192.168.102.254

[R1-ip-pool-vlan102]dns-list 114.114.114.114

[R1-ip-pool-vlan102]quit

[R1]
```

（3）在核心层交换机 S1 上配置 DHCP 中继，代码如下：

```
[S1]dhcp enable                    //开启 DHCP 功能，准备配置 DHCP 中继
Info: The operation may take a few seconds. Please wait for a
moment.done.
[S1]interface vlan 20
[S1-Vlanif20]dhcp select relay
[S1-Vlanif20]dhcp relay server-ip 192.168.200.1 //R1 的 IP 地址
```

```
[S1-Vlanif20]quit
[S1]interface vlan 30
[S1-Vlanif30]dhcp select relay
[S1-Vlanif30]dhcp relay server-ip 192.168.200.1
[S1-Vlanif30]quit
[S1]interface vlan 100
[S1-Vlanif100]dhcp select relay
[S1-Vlanif100]dhcp relay server-ip 192.168.1.253
[S1-Vlanif100]quit
[S1]interface vlan 101
[S1-Vlanif101]dhcp select relay
[S1-Vlanif101]dhcp relay server-ip 192.168.200.1
[S1-Vlanif101]quit
[S1]interface vlan 102
[S1-Vlanif102]dhcp select relay
[S1-Vlanif102]dhcp relay server-ip 192.168.200.1
[S1-Vlanif102]quit
```

4．配置静态路由

（1）核心层交换机 S1 的静态路由配置如下：

```
[S1]ip route-static 0.0.0.0 0 192.168.200.1
            //配置默认路由，下一跳指向 R1
[S1]quit
<S1>save
```

（2）路由器 R1 的静态路由配置如下：

```
[R1]ip route-static 0.0.0.0 0.0.0.0 200.200.200.2
            //配置默认路由，下一跳指向互联网，用于获取互联网路由
[R1]ip route-static 192.168.0.0 255.255.0.0 192.168.200.254
            //配置公司园区网的路由聚合，下一跳指向公司园区网的 S1，用于
获取公司园区网路由
[R1]quit
```

在完成以上配置后，PC1、PC2 可以自动获取 IPv4 地址，PC1 可以 Ping 通 Client1，Client1 可以访问 FTP 服务器的 FTP 站点。如果不能，那么检查上述 4

步配置过程是否正确。

5．配置无线网络

（1）无线控制器 AC 的基础配置如下：

```
<AC6005>undo terminal monitor
Info: Current terminal monitor is off.
<AC6605>system-view
Enter system view, return user view with Ctrl+Z.
[AC6605]sysname AC
[AC]vlan batch 100 101 102
[AC]interface vlan 1                //配置并管理 VLAN
[AC-Vlanif1]ip add 192.168.1.253 24
[AC-Vlanif1]quit
[AC]interface GigabitEthernet 0/0/1
[AC-GigabitEthernet0/0/1]port link-type trunk
[AC-GigabitEthernet0/0/1]port trunk allow-pass vlan 100 101 102
[AC-GigabitEthernet0/0/1]quit
[AC]ip route-static 192.168.100.0 24 192.168.1.254
            //配置 AP 所在网段的静态路由，下一跳为 S1 的 vlanif 1 地址
```

（2）无线控制器 AC 的 DHCP 服务配置。

无线接入点 AP 的 IP 地址一般由无线控制器 AC 分配，因此需要在无线控制器 AC 上配置 DHCP 服务，代码如下：

```
[AC]dhcp enable                //开启 AC 的 DHCP 功能
Info: The operation may take a few seconds. Please wait for a
moment.done.
[AC]ip pool appool                //创建全局地址池，为 AP 提供 IP 地址
Info: It is successful to create an IP address pool.
[AC-ip-pool-appool]network 192.168.100.0 mask 24
[AC-ip-pool-appool]gateway-list 192.168.100.254
[AC-ip-pool-appool]option 43 sub-option 3 ascii 192.168.1.253
[AC-ip-pool-appool]quit
[AC]interface vlan 1
[AC-Vlanif1]dhcp select global
[AC-Vlanif1]quit
```

（3）配置 AP，使其上线，代码如下：

```
[AC]capwap source interface vlanif 1          //配置 AC 的源接口
[AC]wlan
[AC-wlan-view]regulatory-domain-profile name default
                                    //创建域管理模板
[AC-wlan-regulate-domain-default]country-code cn
                                    //配置 AC 的国家码
Info: The current country code is same with the input country code.
[AC-wlan-regulate-domain-default]quit
[AC-wlan-view]ap-group name apgroup   //创建名为"apgroup"的 AP 组
Info: This operation may take a few seconds. Please wait for a
moment.done.
[AC-wlan-ap-group-apgroup]regulatory-domain-profile default
                                    //在 AP 组 apgroup 中引用域管理模板
Warning: Modifying the country code will clear channel, power
and antenna gain configurations of the radio and reset the AP.
Continue?[Y/N]:y                    //输入"y"
[AC-wlan-ap-group-bggroup]quit
[AC-wlan-view]
```

查询 AP1、AP2 的 MAC 地址，AP1 的 MAC 地址使用 GigabitEtherne 0/0/1 接口的 MAC 地址，获得该地址的操作如图 6.6 所示；AP2 的 MAC 地址也使用 GigabitEtherne 0/0/1 接口的 MAC 地址，获得该地址的操作参考图 6.6 中的操作。

```
<Huawei>display interface GigabitEthernet0/0/1
GigabitEthernet0/0/1 current state : UP
Line protocol current state : UP
Description:HUAWEI, AP Series, GigabitEthernet0/0/1 Interface
Switch Port, PVID :    1, TPID : 8100(Hex), The Maximum Frame Length is 1800
IP Sending Frames' Format is PKTFMT_ETHNT_2, Hardware address is 00e0-fc07-3ce0
Last physical up time   : 2023-05-11 06:57:54 UTC-05:13
Last physical down time : 2023-05-11 06:57:52 UTC-05:13
Current system time: 2023-05-11 13:26:52-05:13
Port Mode: COMMON COPPER
Speed :    0,  Loopback: NONE
Duplex: HALF,  Negotiation: DISABLE
Mdi   : AUTO
Last 300 seconds input rate 0 bits/sec, 0 packets/sec
Last 300 seconds output rate 0 bits/sec, 0 packets/sec
Input peak rate 0 bits/sec,Record time: -
Output peak rate 0 bits/sec,Record time: -
```

图 6.6 AP1 的 MAC 地址使用 GigabitEthernet 0/0/1 接口的 MAC 地址

在 AC 上关联 AP1、AP2，并且将 AP1、AP2 加入 AP 组，代码如下：

```
[AC-wlan-view]ap auth-mode mac-auth          //MAC 地址认证
```

```
//使 ap-id 1 关联 AP1，00e0-fc07-3ce0 为 AP1 使用的 GigabitEthernet 0/0/1 接口的 MAC 地址
[AC-wlan-view]ap-id 1 ap-mac 00e0-fc07-3ce0
[AC-wlan-ap-1]ap-name AP1
[AC-wlan-ap-1]ap-group apgroup  //将 ap-id 1 加入 AP 组 apgroup
Warning: This operation may cause AP reset. If the country code changes, it will clear channel, power and antenna gain configurations of the radio, Whether to continue? [Y/N]:y      //输入“y”
Info: This operation may take a few seconds. Please wait for a moment.. done.
[AC-wlan-ap-2]quit
//使 ap-id 2 关联 AP2，00e0-fcee-5be0 为 AP2 使用的 GigabitEthernet 0/0/1 接口的 MAC 地址
[AC-wlan-view]ap-id 2 ap-mac 00e0-fcee-5be0
[AC-wlan-ap-2]ap-group apgroup  //将 ap-id 2 加入 AP 组 apgroup
Warning: This operation may cause AP reset. If the country code changes, it will clear channel, power and antenna gain configurations of the radio, Whether to continue? [Y/N]:y      //输入“y”
Info: This operation may take a few seconds. Please wait for a moment.. done.
[AC-wlan-ap-2]quit
[AC-wlan-view]quit
[AC]
```

（4）检查 AP 的上线情况。

在确认 AP 开启后，在 AC 上执行 display ap all 命令，如果在结果中看到 AP 的“State”为“nor”时，则表示 AP 正常上线，如图 6.7 所示。

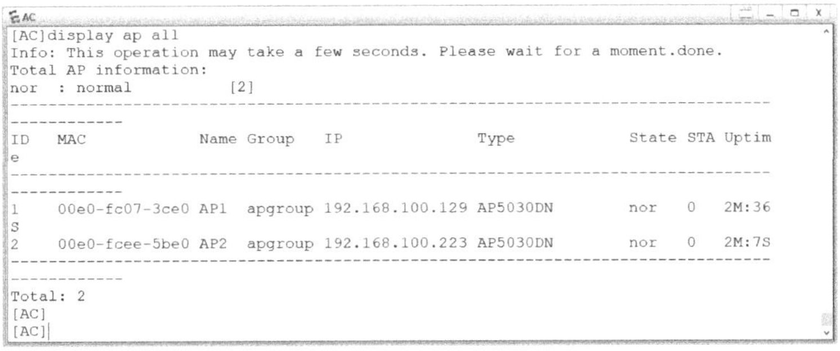
```
[AC]display ap all
Info: This operation may take a few seconds. Please wait for a moment.done.
Total AP information:
nor  : normal          [2]
--------------------------------------------------------------------------------
ID   MAC            Name Group   IP              Type            State STA Uptime
--------------------------------------------------------------------------------
1    00e0-fc07-3ce0 AP1  apgroup 192.168.100.129 AP5030DN        nor   0   2M:36S
2    00e0-fcee-5be0 AP2  apgroup 192.168.100.223 AP5030DN        nor   0   2M:7S
--------------------------------------------------------------------------------
Total: 2
[AC]
[AC]
```

图 6.7　AP 上线情况

（5）配置无线网络业务。

配置 VLAN 地址池，代码如下：

```
[AC]vlan pool sta-pool
    //创建名为"sta-pool"的地址池，为STA（无线网络中的终端）提供地址
[AC-vlan-pool-sta-pool]vlan 101 102
[AC-vlan-pool-sta-pool]assignment hash
                    //配置地址池sta-pool中的VLAN分配算法为hash
[AC-vlan-pool-sta-pool]quit
[AC]
```

配置安全模板，代码如下：

```
[AC]wlan
[AC-wlan-view]security-profile name wlan-ap
                    //创建名为"wlan-ap"的安全模板
[AC-wlan-sec-prof-wlan-ap]security  wpa-wpa2  psk  pass-phrase
o1234567 aes
        //配置安全模板wlan-ap的安全策略，设置Wi-Fi密码为"o1234567"
[AC-wlan-sec-prof-wlan-net]quit
[AC-wlan-view]
```

配置 SSID 模板，代码如下：

```
[AC-wlan-view]ssid-profile name wlan-ssid
                    //创建名为"wlan-ssid"的SSID模板
[AC-wlan-ssid-prof-wlan-ssid]ssid office
                    //配置SSID名称为"office"
Info: This operation may take a few seconds, please wait.done.
[AC-wlan-ssid-prof-wlan-ssid]quit
[AC-wlan-view]
```

配置 VAP 模板，代码如下：

```
[AC-wlan-view]vap-profile name wlan-vap
                //创建名为"wlan-vap"的VAP模板
[AC-wlan-vap-prof-wlan-vap]forward-mode tunnel
                //配置业务数据转发模式为隧道模式
Info: This operation may take a few seconds, please wait.done.
```

```
[AC-wlan-vap-prof-wlan-vap]service-vlan vlan-pool sta-pool
                //配置业务 VLAN 为刚刚创建的 VLAN 地址池
Info: This operation may take a few seconds, please wait.done.
[AC-wlan-vap-prof-wlan-vap]security-profile wlan-ap
                //引用创建的安全模板 wlan-ap
Info: This operation may take a few seconds, please wait.done.
[AC-wlan-vap-prof-wlan-vap]ssid-profile wlan-ssid
                //引用创建的 SSID 模板 wlan-ssid
Info: This operation may take a few seconds, please wait.done.
[AC-wlan-vap-prof-wlan-vap] quit
```

配置 AP 组，引用 VAP 模板，代码如下：

```
[AC-wlan-view]ap-group name apgroup            //选择 AP 组 apgroup
[AC-wlan-ap-group-apgroup] vap-profile wlan-vap wlan 1 radio 0
                //AP 组的射频 0（2.4GHz）使用 VAP 模板 wlan-vap 的配置
Info: This operation may take a few seconds, please wait...done.
[AC-wlan-ap-group-apgroup] vap-profile wlan-vap wlan 1 radio 1
                //AP 组的射频 1（5GHz）使用 VAP 模板 wlan-vap 的配置
Info: This operation may take a few seconds, please wait...done.
[AC-wlan-ap-group-bggroup] quit
[AC-wlan-view]quit
[AC]quit
<AC>save
```

（6）在 AC 上查看创建的 SSID 的 VAP 信息。

在 AC 上执行 display vap ssid office 命令，查看创建的 SSID 的 VAP 信息，当 "Status" 为 "ON" 时，表示 AP 组射频上的 VAP 已创建成功，如图 6.8 所示。

```
[AC]display vap ssid office
Info: This operation may take a few seconds, please wait.
WID : WLAN ID
-------------------------------------------------------------------------
AP ID AP name RfID WID  BSSID           Status  Auth type     STA  SSID
-------------------------------------------------------------------------
1     AP1     0    1    00E0-FC07-3CE0  OFF     WPA/WPA2-PSK  0    office
1     AP1     1    1    00E0-FC07-3CF0  ON      WPA/WPA2-PSK  0    office
2     AP2     0    1    00E0-FCEE-5BE0  OFF     WPA/WPA2-PSK  0    office
2     AP2     1    1    00E0-FCEE-5BF0  ON      WPA/WPA2-PSK  0    office
-------------------------------------------------------------------------
Total: 4
```

图 6.8　查看创建的 SSID 的 VAP 信息

（7）STA 连接无线网络测试。

双击 STA，打开"STA"窗口，在"Vap 列表"选区中选择"信道"为"1"的 office 无线网络，在弹出的"账户"对话框中输入密码"o1234567"，单击"确定"按钮，如图 6.9 所示。

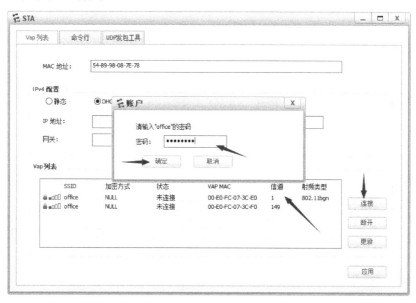

图 6.9　STA 连接无线网络测试

如果"Vap 列表"选区中的"状态"为"已连接"，则表示无线网络连接成功，如图 6.10 所示，画面显示效果如图 6.11 所示。

图 6.10　STA 连接无线网络成功

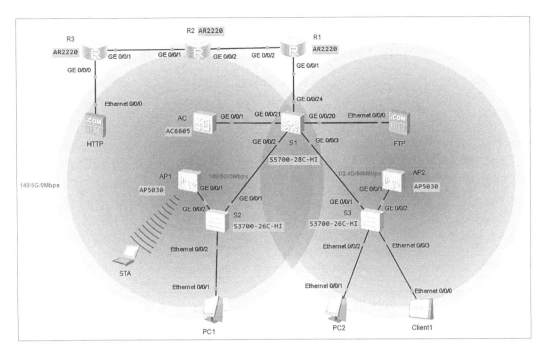

图 6.11　STA 连接无线网络成功的画面显示效果

在"STA"窗口中选择"命令行"选项卡，输入命令"ipconfig"，查看 STA 获取的 IPv4 地址，如图 6.12 所示。

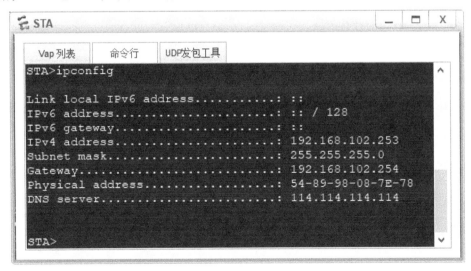

图 6.12　查看 STA 获取的 IPv4 地址

（8）无线漫游测试。

将 STA 拖动到 AP2 的无线网络覆盖范围内，STA 可以自动获取信号，如图 6.13 所示。

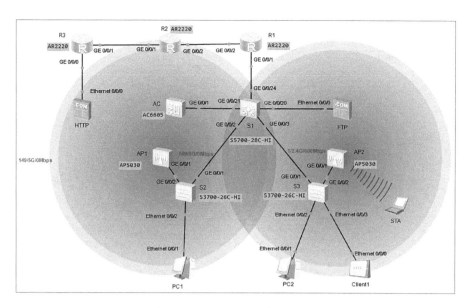

图 6.13　STA 自动连接 AP2

双击 STA，打开"STA"窗口，查看 STA 的连接状态，验证是否无须输入密码，也可以连接到 office 无线网络，如图 6.14 所示。

图 6.14　查看 STA 的连接状态

在"STA"窗口中选择"命令行"选项卡，输入命令"ipconfig"，查看 STA 获取的 IPv4 地址。对比无线漫游前后的 IPv4 地址，可以发现，即使改变连接的 AP，IPv4 地址也不会改变，说明无线漫游功能已实现，如图 6.15 所示。

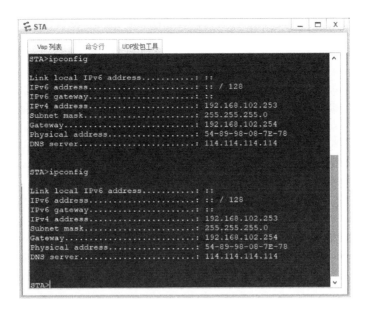

图 6.15 对比无线漫游前后的 IPv4 地址

6. 配置 Easy IP

在路由器 R1 上配置 Easy IP，代码如下：

```
[R1]acl 2000                    //配置 ACL
[R1-acl-basic-2000]rule 5 permit source 192.168.0.0 0.0.255.255
                        //允许和公有 IP 地址池映射的私有 IP 地址
[R1-acl-basic-2000]quit
[R1]interface GigabitEthernet 0/0/2
[R1-GigabitEthernet0/0/2]nat outbound 2000
[R1-GigabitEthernet0/0/2]quit
<R1>save
```

7. 配置 OSPF 协议

（1）路由器 R2 的基础配置如下：

```
<Huawei>undo terminal monitor
Info: Current terminal monitor is off.
<Huawei>system-view
Enter system view, return user view with Ctrl+Z.
[Huawei]sysname R2
[R2]interface GigabitEthernet 0/0/1
[R2-GigabitEthernet0/0/1]ip address 200.200.210.1 30
```

```
[R2-GigabitEthernet0/0/1]quit
[R2]interface GigabitEthernet 0/0/2
[R2-GigabitEthernet0/0/2]ip address 200.200.200.2 30
[R2-GigabitEthernet0/0/2]quit
[R2]quit
<R2>save
```

（2）路由器 R3 的基础配置如下：

```
<Huawei>undo terminal monitor
Info: Current terminal monitor is off.
<Huawei>system-view
Enter system view, return user view with Ctrl+Z.
[Huawei]sysname R3
[R3]interface GigabitEthernet 0/0/1
[R3-GigabitEthernet0/0/1]ip address 200.200.210.2 30
[R3-GigabitEthernet0/0/1]quit
[R3]interface GigabitEthernet 0/0/0
[R3-GigabitEthernet0/0/2]ip address 200.200.220.2 30
[R3-GigabitEthernet0/0/2]quit
[R3]quit
<R3>save
```

（3）路由器 R2 的 OSPF 协议配置如下：

```
[R2]ospf 1
[R2-ospf-1]area 0                          //进入骨干区域 0
[R2-ospf-1-area-0.0.0.0]network 200.200.200.0 0.0.0.3
[R2-ospf-1-area-0.0.0.0]network 200.200.210.0 0.0.0.3
                                           //宣告直连路由
[R2-ospf-1-area-0.0.0.0]quit
[R2-ospf-1]silent-interface GigabitEthernet 0/0/2
[R2-ospf-1]quit
[R2]interface GigabitEthernet 0/0/1
[R2-GigabitEthernet0/0/1]ospf authentication-mode md5 1 cipher
huawei
[R2-GigabitEthernet0/0/1]quit
```

```
[R2]quit
<R2>save
```

（4）路由器 R3 的 OSPF 协议配置如下：

```
[R3]ospf
[R3-ospf-1]area 0                                    //进入骨干区域 0
[R3-ospf-1-area-0.0.0.0]network 200.200.210.0 0.0.0.3
[R3-ospf-1-area-0.0.0.0]network 200.200.220.0 0.0.0.3
                                                     //宣告直连路由
[R3-ospf-1-area-0.0.0.0]quit
[R3-ospf-1]silent-interface GigabitEthernet 0/0/0
[R3-ospf-1]quit
[R3]interface GigabitEthernet 0/0/1
[R3-GigabitEthernet0/0/1]ospf authentication-mode md5 1 cipher
huawei
[R3-GigabitEthernet0/0/1]quit
[R3]quit
<R3>save
```

8. 配置 HTTP 服务器

根据项目要求，首先进行 HTTP 服务器的 IPv4 配置，如图 6.16 所示；然后进行 HTTP 服务器的 HttpServer 配置（HTTP 站点配置），设置"文件根目录"（事先在当前计算机的 D 盘中创建 WEB 文件夹，并且在 WEB 文件夹中创建 index.html 文件）并单击"启动"按钮，如图 6.17 所示。

图 6.16　HTTP 服务器的 IPv4 配置

图 6.17 HTTP 服务器的 HttpServer 配置

在完成以上配置后,Client1 就可以正常访问 HTTP 服务器的 HTTP 站点了,具体访问操作和结果如图 6.18 所示。

图 6.18 Client1 访问 HTTP 服务器的 HTTP 站点

项目验收

(1) 使用 ipconfig 命令查看 PC1、PC2 的 IPv4 地址,检验 DHCP 服务是否配置成功。

（2）使用 ping 命令测试 PC1 与 PC2 之间的连通性、PC1 与 FTP 服务器之间的连通性。

（3）使用 ping 命令测试 PC1 与 HTTP 服务器之间的连通性。

（4）使用 Client1 访问 HTTP 服务器的 HTTP 站点，测试是否能够成功获取网页文件。

（5）在 AC 上执行 display ap all 命令，如果 AP 的"State"为"nor"，则表示 AP 正常上线。

（6）在 AC 上执行 display vap ssid office 命令，查看创建的 SSID 的 VAP 信息，如果"Status"为"ON"，则表示 AP 组射频上的 VAP 已创建成功。

（7）使用 STA 连接"信道"为"1"的 office 无线网络，在弹出的对话框中输入"o1234567"并单击"确定"按钮，然后执行 ipconfig 命令，查看获取的 IPv4 地址。

（8）将 STA 拖动到 AP2 的无线网络覆盖范围内，查看是否实现了无线漫游功能，如果 STA 的无线网络信号不中断，则执行 ipconfig 命令，查看 STA 获取的 IPv4 地址，如果 IPv4 地址没有改变，则表示实现了无线漫游功能。

项目评价

本项目的自我评价如表 6.4 所示。

表 6.4　本项目的自我评价

序号	自评内容	佐证内容	达标	未达标
1	DHCP 服务配置	PC1、PC2 能够自动获取 IPv4 地址		
2	公司园区网的连通性测试	PC1 与 PC2 之间、PC1 与 FTP 服务器之间能够互相 Ping 通		
3	公司园区网、互联网之间的连通性测试	PC1 能够 Ping 通 HTTP 服务器		
4	HTTP 服务测试	Client1 能够成功访问 HTTP 服务器的 HTTP 站点，并且能够获取文件		
5	AP 上线情况	AP 能够正常上线		
6	AP 射频创建情况	每台 AP 都有 2 个不同的频段		
7	STA 连接情况	STA 能够正常连接 Wi-Fi，并且能够获取 IPv4 地址		

序号	自评内容	佐证内容	达标	未达标
8	无线漫游测试	将 STA 拖动到 AP2 的无线网络覆盖范围内，然后执行 ipconfig 命令，查看 STA 获取的 IPv4 地址，如果 IPv4 地址没有改变，则表示实现了无线漫游功能		
9	项目综合完成情况	通过学习和练习，能够完成整个项目，并且能够清晰地介绍项目完成过程		

📖 项目小结

本项目包含路由器、交换机、无线控制器的基础配置，路由器的 DHCP 服务配置，交换机的 DHCP 中继配置，无线网络配置，并且实现了无线漫游功能，有助于读者提高对网络设备的综合管理和运维能力。

将自己的学习心得写在下面。

_____

_____

_____

_____

_____

_____

_____

项目 7 企业网综合实训 1

📨 项目背景

某公司是位于高新技术园区的小型新技术企业，随着公司规模和业务范围的扩大，需要购置相关服务器来提供网络服务。但是根据公司的预算规划，暂时没有充足的资金购买物理服务器，因此需要租用运营商数据中心的服务器。

准备租用的运营商服务器有 HTTP 服务器、DNS 服务器、FTP 服务器。HTTP服务器主要用于提供 HTTP 服务，供公司员工和互联网用户访问；FTP 服务器主要用于存储公司及员工的文件等；DNS 服务器主要用于解析域名（公司域名为 test.com），方便访问 HTTP 服务器和 FTP 服务器。

🔍 项目要求

（1）企业网综合实训 1 的网络拓扑图如图 7.1 所示（在本图中，使用 GE 表示 GigabitEthernet）。

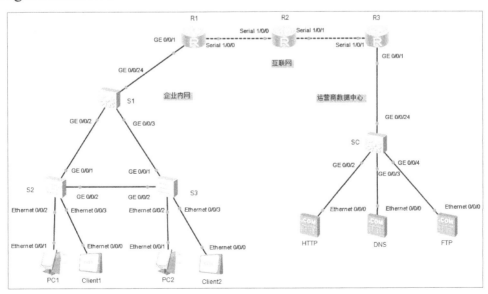

图 7.1　企业网综合实训 1 的网络拓扑图

（2）PC1、Client1 位于办公地点一，PC2、Client2 位于办公地点二；S2、S3 是接入层交换机，S1 是核心层交换机；R1 是网络出口路由器，R2 是运营商路由器，R3 是运营商数据中心的网络出口路由器；SC 是运营商数据中心的交换机；HTTP、DNS、FTP 服务器是运营商数据中心的服务器。设备说明如表 7.1 所示（在本表中，使用 GE 表示 GigabitEthernet，使用 E 表示 Ethernet，使用 S 表示 Serial）。

表 7.1　设备说明

设备名称（型号）	接口	IP 地址/子网掩码	默认网关	接口属性	对端设备及接口
HTTP（Server）	E 0/0/0	192.168.10.1/24	192.168.10.254	—	SC：GE 0/0/2
DNS（Server）	E 0/0/0	192.168.10.2/24	192.168.10.254	—	SC：GE 0/0/3
FTP（Server）	E 0/0/0	192.168.10.3/24	192.168.10.254	—	SC：GE 0/0/4
SC（S5700）	GE 0/0/2	—	—	Access	HTTP：E 0/0/0
	GE 0/0/3	—	—	Access	DNS：E 0/0/0
	GE 0/0/4	—	—	Access	FTP：E 0/0/0
	GE 0/0/24	—	—	Access	R3：GE 0/0/1
	VLANIF 10	192.168.10.254/24	—	—	—
	VLANIF 200	192.168.200.254/24	—	—	—
R3（AR2220）	GE 0/0/1	192.168.200.1/24	—	—	SC：GE 0/0/24
	S 1/0/1	100.100.100.5/30	100.100.100.6	—	R2：S 1/0/1
R2（AR2220）	S 1/0/1	100.100.100.6/30	—	—	R3：S 1/0/1
	S 1/0/0	100.100.100.2/30	—	—	R1：S 1/0/0
R1（AR2220）	S 1/0/0	100.100.100.1/30	100.100.100.2	—	R2：S 1/0/0
	GE 0/0/1	172.31.200.1/24	—	—	S1：GE 0/0/24
S1（S5700）	GE 0/0/24	—	—	Access	R1：GE 0/0/1
	GE 0/0/2	—	—	Trunk	S2：GE 0/0/1
	GE 0/0/3	—	—	Trunk	S3：GE 0/0/1
	VLANIF 10	172.31.10.254/24	—	—	—
	VLANIF 20	172.31.20.254/24	—	—	—
	VLANIF 200	172.31.200.254/24	—	—	—

续表

设备名称（型号）	接口	IP 地址/子网掩码	默认网关	接口属性	对端设备及接口
S2（S3700）	GE 0/0/1	—	—	Trunk	S1：GE 0/0/2
	GE 0/0/2	—	—	Trunk	S3：GE 0/0/2
	E 0/0/2	—	—	Access	PC1：E 0/0/1
	E 0/0/3	—	—	Access	Client1：E 0/0/0
S3（S3700）	GE 0/0/1	—	—	Trunk	S1：GE 0/0/3
	GE 0/0/2	—	—	Trunk	S2：GE 0/0/2
	E 0/0/2	—	—	Access	PC2：E 0/0/1
	E 0/0/3	—	—	Access	Client2：E 0/0/0
PC1	E 0/0/1	自动获取	自动获取	—	S2：E 0/0/2
Client1	E 0/0/0	172.31.10.2/24	172.31.10.254	—	S2：E 0/0/3
PC2	E 0/0/1	自动获取	自动获取	—	S3：E 0/0/2
Client2	E 0/0/0	172.31.20.2/24	172.31.20.254	—	S3：E 0/0/3

（3）公司的 VLAN 规划如表 7.2 所示，运营商数据中心的 VLAN 规划如表 7.3 所示。

表 7.2　公司的 VLAN 规划

VLAN ID	VLANIF 地址	包含设备	备注
10	172.31.10.254/24	PC1、Client1	办公地点一的网段
20	172.31.20.254/24	PC2、Client2	办公地点二的网段
200	172.31.200.254/24	R1	S1 与 R1 之间进行通信的网段

表 7.3　运营商数据中心的 VLAN 规划

VLAN ID	VLANIF 地址	包含设备	备注
10	192.168.10.254/24	HTTP、DNS、FTP	服务器网段
200	192.168.200.254/24	R3	SC 与 R3 之间进行通信的网段

（4）在交换机 S1、S2、S3 上配置 VLAN，并且配置 RSTP；在核心层交换机 S1 上配置 DHCP 服务（要有 DNS 参数），方便客户端动态获取 IPv4 地址；在核心层交换机 S1、路由器 R1 上配置静态路由，保证网络的连通性；在路由

器 R1 上配置 Easy IP，保证公司内网可以正常访问互联网。

（5）在路由器 R1、R2、R3 上配置 PPP 协议，并且采用 CHAP 认证。其中路由器 R2 认证 R1 的用户名和密码分别是"gongsi"和"huawei"，路由器 R2 认证 R3 的用户名和密码分别是"isp"和"huawei"，即采用单向认证的方式，R2 分别认证 R1 和 R3。

（6）在交换机 SC 上配置 VLAN；在交换机 SC、路由器 R3 上配置静态路由，保证网络的连通性；在路由器 R3 上配置 NAT Server，保证互联网用户可以正常使用 HTTP、DNS、FTP 服务。

（7）在 HTTP、DNS、FTP 服务器上分别配置 HTTP、DNS、FTP 服务，这些服务器对外的服务地址取决于在路由器 R3 上配置的 NAT Server。

（8）为了安全，对 PC1、PC2 进行端口绑定，阻止非法连接的计算机；根据业务需要，禁止 Client1 访问 FTP 服务器的 FTP 站点。

🔖 项目实施

参照图 7.1 搭建网络拓扑结构，连接网络设备，开启所有设备的电源。

1．运营商数据中心的配置

（1）交换机 SC 的配置如下：

```
<Huawei>undo terminal monitor
Info: Current terminal monitor is off.
<Huawei>system-view
Enter system view, return user view with Ctrl+Z.
[Huawei]sysname SC
[SC]vlan batch 10 200
Info: This operation may take a few seconds. Please wait for a
moment...done.
[SC]port-group 1
[SC-port-group-1]group-member    GigabitEthernet    0/0/2    to
GigabitEthernet 0/0/4
[SC-port-group-1]port link-type access
[SC-port-group-1]port default vlan 10
[SC-port-group-1]quit
```

```
[SC]interface GigabitEthernet 0/0/24
[SC-GigabitEthernet0/0/24]port link-type access
[SC-GigabitEthernet0/0/24]port default vlan 200
[SC-GigabitEthernet0/0/24]quit
[SC]interface Vlanif 10
[SC-Vlanif10]ip address 192.168.10.254 24
[SC-Vlanif10]quit
[SC]interface Vlanif 200
[SC-Vlanif200]ip address 192.168.200.254 24
[SC-Vlanif200]quit
[SC]ip route-static 0.0.0.0 0 192.168.200.1
```

（2）路由器 R3 的配置如下：

```
<Huawei>system-view
Enter system view, return user view with Ctrl+Z.
[Huawei]sysname R3
[R3]interface Serial 1/0/1
[R3-Serial1/0/1]
[R3-Serial1/0/1]ip address 100.100.100.5 30
[R3-Serial1/0/1]quit
[R3]interface GigabitEthernet 0/0/1
[R3-GigabitEthernet0/0/1]ip address 192.168.200.1 24
[R3-GigabitEthernet0/0/1]quit
[R3]ip route-static 0.0.0.0 0 100.100.100.6
[R3]ip route-static 192.168.0.0 16 192.168.200.254
[R3]interface Serial 1/0/1
[R3-Serial1/0/1]nat  server  protocol  tcp  global  current-
interface 80 inside 192.168.10.1 80
Warning:The port 80 is well-known port. If you continue it may
cause function failure.
Are you sure to continue?[Y/N]:y            //输入"y"，确定操作
[R3-Serial1/0/1]nat  server  protocol  tcp  global  current-
interface 53 inside 192.168.10.2 53
Warning:The port 53 is well-known port. If you continue it may
cause function failure.
Are you sure to continue?[Y/N]:y            //输入"y"，确定操作
```

```
[R3-Serial1/0/1]nat  server  protocol  udp  global  current-
interface 53 inside 192.168.10.2 53
    Warning:The port 53 is well-known port. If you continue it may
cause function failure.
    Are you sure to continue?[Y/N]:y              //输入"y",确定操作
    [R3-Serial1/0/1]nat  server  protocol  tcp  global  current-
interface 21 inside 192.168.10.3 21
    Warning:The port 21 is well-known port. If you continue it may
cause function failure.
    Are you sure to continue?[Y/N]:y              //输入"y",确定操作
    [R3-Serial1/0/1]nat  server  protocol  tcp  global  current-
interface 20 inside 192.168.10.3 20
    Warning:The port 20 is well-known port. If you continue it may
cause function failure.
    Are you sure to continue?[Y/N]:y              //输入"y",确定操作
    [R3-Serial1/0/1]quit
    [R3]quit
    <R3>
```

（3）HTTP 服务器的配置。

根据项目要求，首先进行 HTTP 服务器的 IPv4 配置，如图 7.2 所示；然后进行 HTTP 服务器的 HttpServer 配置（HTTP 站点配置），设置"文件根目录"（事先在当前计算机的 D 盘中创建 WEB 文件夹，并且在 WEB 文件夹中创建 index.html 文件）并单击"启动"按钮，如图 7.3 所示。

图 7.2　HTTP 服务器的 IPv4 配置

图 7.3　HTTP 服务器的 HttpServer 配置

（4）FTP 服务器的配置。

根据项目要求，首先进行 FTP 服务器的 IPv4 配置，如图 7.4 所示；然后进行 FTP 服务器的 FtpServer 配置（FTP 站点配置），设置"文件根目录"（事先在当前计算机的 D 盘中创建 FTP 文件夹，并且在 FTP 文件夹中创建 TEST.txt 文件）并单击"启动"按钮，如图 7.5 所示。

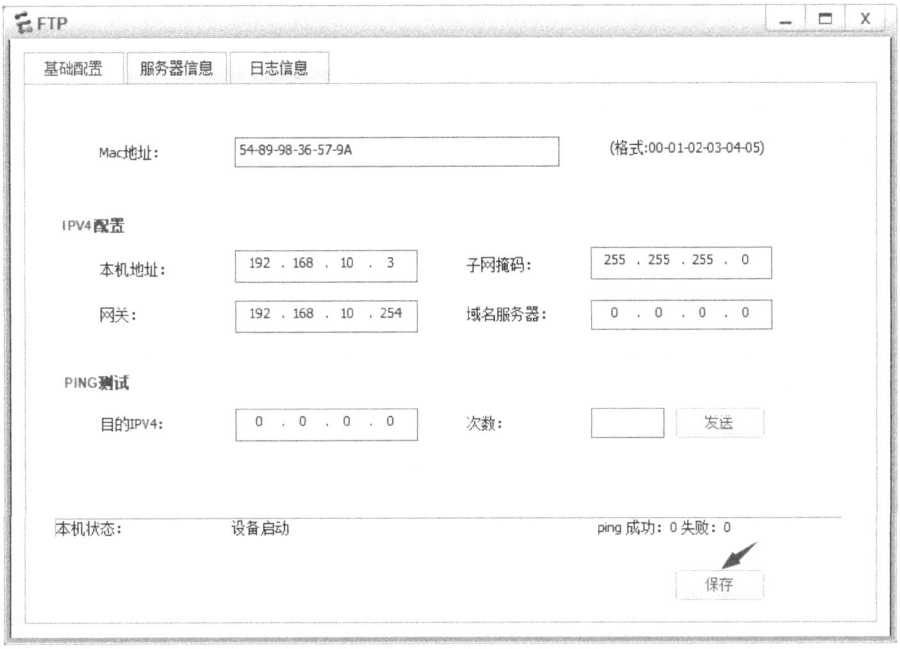

图 7.4　FTP 服务器的 IPv4 配置

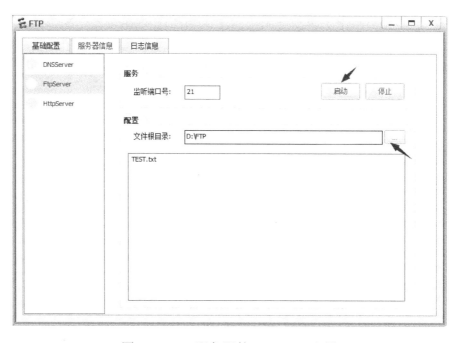

图 7.5　FTP 服务器的 FtpServer 配置

（5）DNS 服务器的配置。

根据项目要求，首先进行 DNS 服务器的 IPv4 配置，如图 7.6 所示；然后进行 DNS 服务器的 DNSServer 配置（DNS 站点配置），增加"主机域名"和"IP 地址"并单击"启动"按钮，操作结果如图 7.7 所示。

图 7.6　DNS 服务器的 IPv4 配置

图 7.7 DNS 服务器的 DNSServer 配置

在完成以上配置后，HTTP、DNS、FTP 服务器都可以 Ping 通 100.100.100.5。如果不能，那么检查上述配置是否正确。

2．公司网络的配置

（1）交换机 S2 的配置如下：

```
<Huawei>undo terminal monitor
Info: Current terminal monitor is off.
<Huawei>system-view
Enter system view, return user view with Ctrl+Z.
[Huawei]sysname S2
[S2]vlan 10
[S2-vlan10]port-group 1
[S2-port-group-1]group-member Ethernet 0/0/2 to Ethernet 0/0/20
[S2-port-group-1]port link-type access
[S2-port-group-1]port default vlan 10
[S2-port-group-1]quit
[S2]interface GigabitEthernet 0/0/1
[S2-GigabitEthernet0/0/1]port link-type trunk
```

```
[S2-GigabitEthernet0/0/1]port trunk allow-pass vlan 1 10

[S2-GigabitEthernet0/0/1]quit

[S2]interface GigabitEthernet 0/0/2

[S2-GigabitEthernet0/0/2]port link-type trunk

[S2-GigabitEthernet0/0/2]port trunk allow-pass vlan 1 10

[S2-GigabitEthernet0/0/2]quit

[S2]stp enable

[S2]stp mode rstp

Info: This operation may take a few seconds. Please wait for a
moment...done.

[S2]stp root secondary

[S2]port-group 1

[S2-port-group-1]stp edged-port enable
                    //接入端口设置边缘接口, 不参与 RSTP 计算, 节约 RSTP 运算时间

[S2-port-group-1]quit

[S2]quit

<S2>save
```

（2）交换机 S3 的配置如下：

```
<Huawei>undo terminal monitor

Info: Current terminal monitor is off.

<Huawei>system-view

Enter system view, return user view with Ctrl+Z.

[Huawei]sysname S3

[S3]vlan 20

[S3-vlan20]port-group 1

[S3-port-group-1]group-member Ethernet 0/0/2 to Ethernet 0/0/20

[S3-port-group-1]port link-type access

[S3-port-group-1]port default vlan 20

[S3-port-group-1]quit

[S3]interface GigabitEthernet 0/0/1

[S3-GigabitEthernet0/0/1]port link-type trunk

[S3-GigabitEthernet0/0/1]port trunk allow-pass vlan 1 20

[S3-GigabitEthernet0/0/1]quit
```

```
[S3]interface GigabitEthernet 0/0/2
[S3-GigabitEthernet0/0/2]port link-type trunk
[S3-GigabitEthernet0/0/2]port trunk allow-pass vlan 1 20
[S3-GigabitEthernet0/0/2]quit
[S3]stp enable
[S3]stp mode rstp
Info: This operation may take a few seconds. Please wait for a
moment...done.
[S3]stp root secondary
[S3]port-group 1
[S3-port-group-1]stp edged-port enable
[S3-port-group-1]quit
[S3]quit
<S3>save
```

（3）交换机 S1 的配置如下：

```
<Huawei>undo terminal monitor
Info: Current terminal monitor is off.
<Huawei>system-view
Enter system view, return user view with Ctrl+Z.
[Huawei]sysname S1
[S1]vlan batch 10 20 200
Info: This operation may take a few seconds. Please wait for a
moment...done.
[S1]interface GigabitEthernet 0/0/2
[S1-GigabitEthernet0/0/2]port link-type trunk
[S1-GigabitEthernet0/0/2]port trunk allow-pass vlan 1 10
[S1-GigabitEthernet0/0/2]quit
[S1]interface GigabitEthernet 0/0/3
[S1-GigabitEthernet0/0/3]port link-type trunk
[S1-GigabitEthernet0/0/3]port trunk allow-pass vlan 1 20
[S1-GigabitEthernet0/0/3]quit
[S1]interface GigabitEthernet 0/0/24
[S1-GigabitEthernet0/0/24]port link-type access
```

```
[S1-GigabitEthernet0/0/24]port default vlan 200

[S1-GigabitEthernet0/0/24]quit

[S1]interface Vlanif 10

[S1-Vlanif10]ip address 172.31.10.254 24

[S1-Vlanif10]quit

[S1]interface Vlanif 20

[S1-Vlanif20]ip address 172.31.20.254 24

[S1-Vlanif20]quit

[S1]interface Vlanif 200

[S1-Vlanif200]ip address 172.31.200.254 24

[S1-Vlanif200]quit

[S1]stp enable

[S1]stp mode rstp

Info: This operation may take a few seconds. Please wait for a
moment...done.

[S1]stp root primary

[S1]dhcp enable

Info: The operation may take a few seconds. Please wait for a
moment.done.

[S1]ip pool vlan10

Info:It's successful to create an IP address pool.

[S1-ip-pool-vlan10]network 172.31.10.0 mask 255.255.255.0

[S1-ip-pool-vlan10]excluded-ip-address 172.31.10.2

[S1-ip-pool-vlan10]gateway-list 172.31.10.254

[S1-ip-pool-vlan10]dns-list 100.100.100.5

[S1-ip-pool-vlan10]quit

[S1]ip pool vlan20

Info:It's successful to create an IP address pool.

[S1-ip-pool-vlan20]network 172.31.20.0 mask 255.255.255.0

[S1-ip-pool-vlan20]excluded-ip-address 172.31.20.2

[S1-ip-pool-vlan20]gateway-list 172.31.20.254

[S1-ip-pool-vlan20]dns-list 100.100.100.5

[S1-ip-pool-vlan20]quit
```

```
[S1]interface Vlanif 10
[S1-Vlanif10]dhcp select global
[S1-Vlanif10]quit
[S1]interface Vlanif 20
[S1-Vlanif20]dhcp select global
[S1-Vlanif20]quit
[S1]ip route-static 0.0.0.0 0 172.31.200.1
[S1]quit
<S1>save
```

（4）路由器 R1 的配置如下：

```
<Huawei>system-view
Enter system view, return user view with Ctrl+Z.
[Huawei]sysname R1
[R1]interface Serial 1/0/0
[R1-Serial1/0/0]ip address 100.100.100.1 30
[R1-Serial1/0/0]quit
[R1]interface GigabitEthernet 0/0/1
[R1-GigabitEthernet0/0/1]ip address 172.31.200.1 24
[R1-GigabitEthernet0/0/1]quit
[R1]ip route-static 0.0.0.0 0 100.100.100.2
[R1]ip route-static 172.31.0.0 16 172.31.200.254
[R1]acl 2000
[R1-acl-basic-2000]
[R1-acl-basic-2000]rule 5 permit source 172.31.0.0 0.0.255.255
[R1-acl-basic-2000]quit
[R1]interface Serial 1/0/0
[R1-Serial1/0/0]nat outbound 2000
[R1-Serial1/0/0]quit
[R1]quit
<R1>
```

（5）配置 PC、Client。

PC1、PC2 的 IPv4 地址是使用 DHCP 服务自动分配的。PC1 的 IPv4 配置如图 7.8 所示，PC2 的 IPv4 配置参考 PC1 的 IPv4 配置。

图 7.8   PC1 的 IPv4 配置

Client 的 IPv4 地址需要手动进行配置。根据项目要求，Client1、Client2 的 IPv4 配置分别如图 7.9、图 7.10 所示。

图 7.9   Client1 的 IPv4 配置

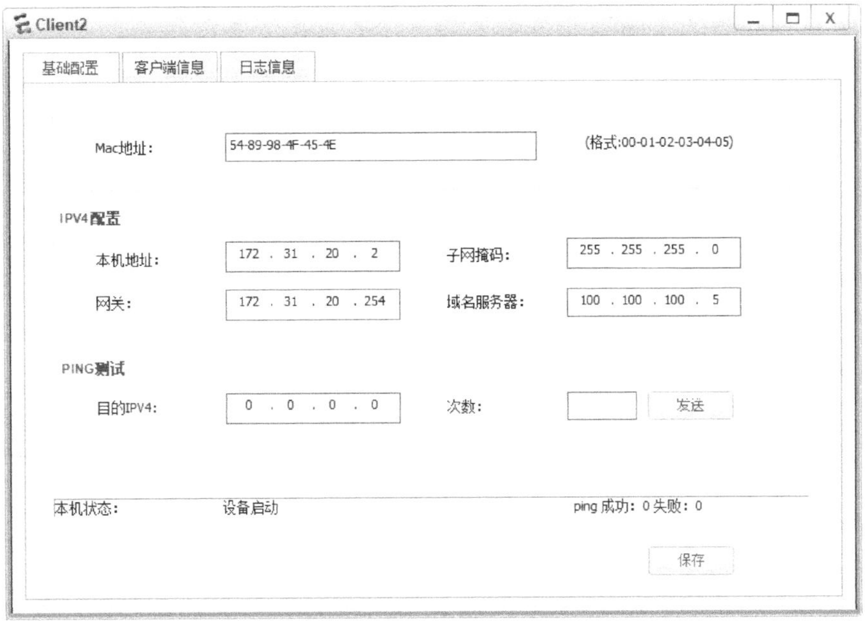

图 7.10 Client2 的 IPv4 配置

在完成以上配置后，PC1、PC2 可以自动获取 IPv4 地址，PC1 可以 Ping 通 Client2，PC1 可以 Ping 通 100.100.100.2。如果不能，那么检查上述配置是否正确。

3. PPP 协议的配置

本项目使用路由器 R2 模拟互联网上的若干个路由器。

（1）在路由器 R1 上配置 PPP 协议，代码如下：

```
[R1]interface Serial 1/0/0
[R1-Serial1/0/0]link-protocol ppp
[R1-Serial1/0/0]ppp chap user gongsi
[R1-Serial1/0/0]ppp chap password cipher huawei
[R1-Serial1/0/0]quit
[R1]quit
<R1>save
```

（2）在路由器 R2 上配置 PPP 协议，代码如下：

```
<Huawei>system-view
Enter system view, return user view with Ctrl+Z.
[Huawei]sysname R2
[R2]interface Serial 1/0/0
```

```
[R2-Serial1/0/0]ip address 100.100.100.2 30
[R2-Serial1/0/0]quit
[R2]interface Serial 1/0/1
[R2-Serial1/0/1]ip address 100.100.100.6 30
[R2-Serial1/0/1]quit
[R2]aaa
[R2-aaa]local-user gongsi password cipher huawei
Info: Add a new user.
[R2-aaa]local-user isp password cipher huawei
Info: Add a new user.
[R2-aaa]local-user gongsi service-type ppp
[R2-aaa]local-user isp service-type ppp
[R2-aaa]interface Serial 1/0/0
[R2-Serial1/0/0]link-protocol ppp
[R2-Serial1/0/0]ppp authentication-mode chap
[R2-Serial1/0/0]interface Serial 1/0/1
[R2-Serial1/0/1]link-protocol ppp
[R2-Serial1/0/1]ppp authentication-mode chap
[R2-Serial1/0/1]
[R2-Serial1/0/1]quit
[R2]quit
<R2>
```

（3）在路由器 R3 上配置 PPP 协议，代码如下：

```
[R3]interface Serial 1/0/1
[R3-Serial1/0/1]link-protocol ppp
[R3-Serial1/0/1]ppp chap user isp
[R3-Serial1/0/1]ppp chap password cipher huawei
[R3-Serial1/0/1]quit
[R3]quit
<R3>save
```

在完成以上配置后，Client1 可以正常访问 HTTP 服务器的 HTTP 站点（借助域名访问）和 FTP 服务器的 FTP 站点，具体访问结果分别如图 7.11 和图 7.12 所示。

图 7.11　Client1 借助域名访问 HTTP 服务器的 HTTP 站点

图 7.12　Client1 访问 FTP 服务器的 FTP 站点

4．公司内网的安全配置

（1）交换机 S2 的 Ethernet 0/0/2 接口的安全配置（绑定 MAC 地址）。

双击 PC1，打开"PC1"窗口，选择"命令行"选项卡，输入命令"ipconfig"，查看 PC1 的 MAC 地址，如图 7.13 所示。

图 7.13　查看 PC1 的 MAC 地址

在交换机 S2 的 Ethernet 0/0/2 接口配置 Sticky MAC 地址，代码如下：

```
[S2]interface Ethernet 0/0/2

[S2-Ethernet0/0/2]port-security enable

[S2-Ethernet0/0/2]port-security mac-address sticky

[S2-Ethernet0/0/2]port-security mac-address sticky 5489-9812-
5E09 vlan 10

[S2-Ethernet0/0/2]quit

[S2]quit

<S2>save
```

（2）交换机 S3 的 Ethernet 0/0/2 接口安全配置（绑定 MAC 地址）。

双击 PC2，打开"PC2"窗口，选择"命令行"选项卡，输入命令"ipconfig"，查看 PC2 的 MAC 地址，如图 7.14 所示。

图 7.14　查看 PC2 的 MAC 地址

在交换机 S3 的 Ethernet 0/0/2 接口配置 Sticky MAC 地址，代码如下：

```
[S3]interface Ethernet 0/0/2
[S3-Ethernet0/0/2]port-security enable
[S3-Ethernet0/0/2]port-security mac-address sticky
[S3-Ethernet0/0/2]port-security mac-address sticky 5489-98C2-
4353 vlan 20
[S3-Ethernet0/0/2]quit
[S3]quit
<S3>save
```

（3）禁止 Client1 访问 FTP 服务器的 FTP 站点，代码如下：

```
[S2]acl 3000                          //定义高级访问控制列表
[S2-acl-adv-3000]rule 5 deny tcp source 172.31.10.0 0.0.0.255
destination 100.100.100.5 0.0.0.0 destination-port range 20 21
[S2-acl-adv-3000]rule 10 permit ip
[S2-acl-adv-3000]quit
[S2]interface GigabitEthernet 0/0/3
[S2-GigabitEthernet0/0/20]traffic-filter inbound acl 3000
                                   //在接口视图下调用 ACL 3000
[S2]quit
<S2>save
```

在完成上述配置后，在交换机 S2、S3 上执行 display mac-address 命令，查看相应的 Ethernet 0/0/2 接口类型是否为 Sticky，结果应如图 7.15、图 7.16 所示；查看 Client1 是否可以正常访问 FTP 服务器的 FTP 站点，访问结果应如图 7.17 所示。

```
S2
<S2>display mac-address
MAC address table of slot 0:
-------------------------------------------------------------------------------
MAC Address      VLAN/       PEVLAN CEVLAN Port          Type      LSP/LSR-ID
                 VSI/SI                                            MAC-Tunnel
-------------------------------------------------------------------------------
5489-9812-5e00 10            -      -      Eth0/0/2      sticky    -
-------------------------------------------------------------------------------
Total matching items on slot 0 displayed = 1

<S2> User interface con0 is available
```

图 7.15　在交换机 S2 上执行 display mac-address 命令的结果

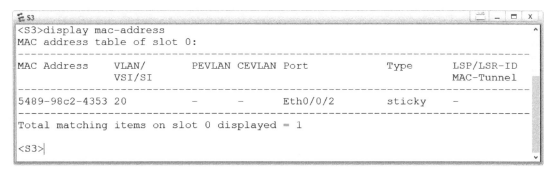

图 7.16　在交换机 S3 上执行 display mac-address 命令的结果

图 7.17　Client1 不能访问 FTP 服务器的 FTP 站点

项目拓展

随着公司规模的进一步发展，要求公司增加无线网络。你需要合理规划公司无线网络，并且完成无线网络的配置，使无线网络用户可以正常办公。

项目验收

（1）使用 ipconfig 命令查看 PC1、PC2 的 IPv4 地址。

（2）使用 ping 命令测试 PC1 与 R2 之间的连通性。

（3）双击 Client1，打开"Client1"窗口，选择"客户端信息"选项卡，在左侧的列表框中选择"HttpClient"选项，在右侧的"地址"文本框中输入 HTTP 服务器的域名（可以参考图 7.11 中的相关操作），访问 HTTP 服务器的 HTTP 站点；在左侧的列表框中选择"FtpClient"选项，在右侧的"服务器地址"文本框中输入 FTP 服务器的地址（可以参考图 7.12 中的相关操作），访问 FTP 服务器的 FTP 站点。

（4）双击 Client2，打开"Client2"窗口，选择"客户端信息"选项卡，在左侧的列表框中选择"FtpClient"选项，在右侧的"服务器地址"文本框中输入 FTP 服务器的地址，访问 FTP 服务器的 FTP 站点。

项目评价

本项目的自我评价如表 7.4 所示。

表 7.4　本项目的自我评价

序号	自评内容	佐证内容	达标	未达标
1	DHCP 服务配置	PC1、PC2 能够正常获取 IPv4 地址		
2	RSTP 配置	在交换机 S1、S2、S3 上执行 display stp brief 命令，查看相应的 RSTP 的运行状态		
3	PPP 协议配置	在路由器 R2 上执行 display ip interface brief 命令，查看链路状态信息		
4	Easy-IP 配置	在路由器 R1 上执行 display nat session all 命令，查看 NAT 映射表项		
5	NAT Server 配置	在路由器 R3 上执行 display nat static 命令，查看静态 NAT 配置信息		
6	Server 配置	检查 HTTP、DNS、FTP 服务器的配置		
7	安全配置	在交换机 S2、S3 上执行 display mac-address 命令，查看相应的 Ethernet 0/0/2 接口类型是否为 Sticky；确认 Client1 是否可以访问 FTP 服务器的 FTP 站点		
8	项目综合完成情况	通过学习和练习，能够完成整个项目，并且能够清晰地介绍项目完成过程		

📖 项目小结

　　本项目包含路由器、交换机的基础配置，交换机的 DHCP 服务配置、RSTP 配置，路由器的 Easy-IP 配置、PPP 协议配置、NAT Server 配置等，以及多个服务器之间的关联配置，使读者理解企业网的相关知识，有助于读者未来自主搭建企业网。

　　将自己的学习心得写在下面。

项目 8　企业网综合实训 2

📨 项目背景

　　某公司是位于广州的大型新技术企业，随着公司规模和业务范围的扩大，准备在深圳开设分公司。总公司和分公司的网络既相对独立，又相互关联。总公司网络中有 FTP 服务器，用于存储总公司和分公司的资料；为了方便总公司和分公司进行内部通信，需要在总公司网络和分公司网络上配置 VPN。

🔍 项目要求

　　（1）企业网综合实训 2 的网络拓扑图如图 8.1 所示（在本图中，使用 GE 表示 GigabitEthernet）。

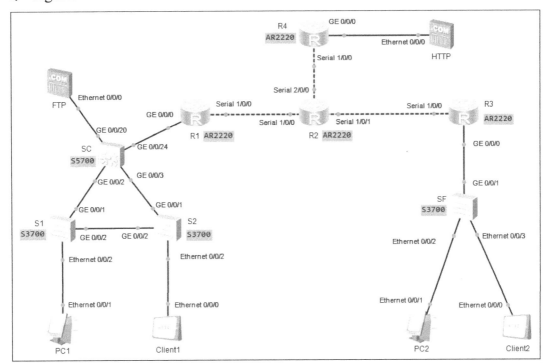

图 8.1　企业网综合实训 2 的网络拓扑图

（2）PC1、Client1 分别位于总公司的部门一和部门二，PC2、Client2 位于分公司；S1、S2 是总公司网络的接入层交换机，SF 是分公司网络的接入层交换机；SC 是总公司网络的核心层交换机；R1 是总公司网络的网络出口路由器，R3 是分公司网络的网络出口路由器；R2、R4 是运营商路由器；FTP 服务器是总公司的 FTP 服务器，HTTP 服务器是运营商数据中心的 HTTP 服务器。设备说明如表 8.1 所示（在本表中，使用 GE 表示 GigabitEthernet，使用 E 表示 Ethernet，使用 S 表示 Serial）。

表 8.1　设备说明

设备名称（型号）	接口	IP 地址/子网掩码	默认网关	接口属性	对端设备及接口
HTTP（Server）	E 0/0/0	100.100.100.13/30	100.100.100.14	—	R4：GE 0/0/0
R4（AR2220）	GE 0/0/0	100.100.100.14/30	—	—	HTTP：E 0/0/0
	S 1/0/0	100.100.100.10/30	—	—	R2：S 2/0/0
R2（AR2220）	S 2/0/0	100.100.100.9/30	—	—	R4：S 1/0/0
	S 1/0/1	100.100.100.6/30	—	—	R3：S 1/0/0
	S 1/0/0	100.100.100.2/30	—	—	R1：S 1/0/0
R1（AR2220）	S 1/0/0	100.100.100.1/30	100.100.100.2	—	R2：S 1/0/0
	GE 0/0/0	172.31.200.1/24	—	—	S1：GE 0/0/24
SC（S5700）	GE 0/0/2	—	—	Trunk	S1：GE 0/0/1
	GE 0/0/3	—	—	Trunk	S2：GE 0/0/1
	GE 0/0/20	—	—	Access	FTP：E 0/0/0
	GE 0/0/24	—	—	Access	R1：GE 0/0/0
	VLANIF 10	172.31.10.254/24	—	—	—
	VLANIF 20	172.31.20.254/24	—	—	—
	VLANIF 100	172.31.100.254/24	—	—	—
	VLANIF 200	172.31.200.254/24	—	—	—
FTP（Server）	E 0/0/0	172.31.100.1/24	172.31.100.254	—	SC：GE 0/0/20
S1（S3700）	GE 0/0/1	—	—	Trunk	SC：GE 0/0/2
	GE 0/0/2	—	—	Trunk	S2：GE 0/0/2
	E 0/0/2	—	—	Access	PC1：E 0/0/1

续表

设备名称 （型号）	接口	IP 地址/子网掩码	默认网关	接口属性	对端设备及接口
S2 （S3700）	GE 0/0/1	—	—	Trunk	SC：GE 0/0/3
	GE 0/0/2	—	—	Trunk	S1：GE 0/0/2
	E 0/0/2	—	—	Access	Client1：E 0/0/0
PC1	E 0/0/1	自动获取	自动获取	—	S1：E 0/0/2
Client1	E 0/0/0	172.31.20.1/24	172.31.20.254	—	S2：E 0/0/2
R3 （AR2220）	S 1/0/0	100.100.100.5/30	100.100.100.6		R2：S 1/0/1
	GE 0/0/0.1 （子接口，网络拓扑图中无法体现）	172.31.110.254/24	—		SF：GE 0/0/1
SF （S3700）	GE 0/0/1	—	—	Trunk	R3：GE 0/0/0.1 （子接口）
	E 0/0/2	—	—	Access	PC2：E 0/0/1
	E 0/0/3	—	—	Access	Client2：E 0/0/0
PC2	E 0/0/1	172.31.110.1/24	172.31.110.254	—	SF：E 0/0/2
Client2	E 0/0/0	172.31.110.2/24	172.31.110.254	—	SF：E 0/0/3

（3）公司的 VLAN 规划如表 8.2 所示。

表 8.2　公司的 VLAN 规划

VLAN ID	VLANIF 地址	包含设备	备注
10	172.31.10.254/24	PC1	总公司部门一的网段
20	172.31.20.254/24	Client1	总公司部门二的网段
100	172.31.100.254/24	FTP	服务器网段
110	172.31.110.254/24	PC2、Client2	分公司内部通信的网段
200	172.31.200.254/24	R1	SC 与 R1 之间进行通信的网段

（4）对于总公司网络，在交换机 S1、S2、SC 上配置 VLAN，并且配置 RSTP；在核心层交换机 SC 上配置 DHCP 服务，以便客户端动态获取 IPv4 地址；在核心层交换机 SC、路由器 R1 上配置静态路由，保证总公司网络的连通性；在路由器 R1 上配置动态 NAPT，保证总公司网络可以正常访问互联网。

（5）对于分公司网络，在交换机 SF 上配置 VLAN；在路由器 R3 上配置单臂路由和静态路由，保证分公司网络的连通性；在路由器 R3 上配置 Easy IP，保证分公司网络可以正常访问互联网。

（6）在路由器 R1、R2、R3 上配置 PPP 协议，并且采用 CHAP 认证。其中路由器 R2 认证路由器 R1 的用户名和密码分别是 "zgongsi" 和 "huawei"，路由器 R2 认证路由器 R3 的用户名和密码分别是 "fgongsi" 和 "huawei"，即采用单向认证的方式，R2 分别认证 R1 和 R3。

（7）在路由器 R2、R4 上配置 OSPF 协议，并且完成区域认证和静默接口配置。

（8）为了方便总公司和分公司进行内部通信，在总公司网络和分公司网络上配置 IPSec VPN（ACL 方式）。

📍 项目实施

参照图 8.1 搭建网络拓扑结构，连接网络设备，开启所有设备的电源。

1．总公司网络的配置

（1）交换机 S1 的配置如下：

```
<Huawei>undo terminal monitor
Info: Current terminal monitor is off.
<Huawei>system-view
Enter system view, return user view with Ctrl+Z.
[Huawei]sysname S1
[S1]vlan 10
[S1-vlan10]exit
[S1]interface Ethernet 0/0/2
[S1-Ethernet0/0/2]port link-type access
[S1-Ethernet0/0/2]port default vlan 10
[S1-Ethernet0/0/2]quit
[S1]interface GigabitEthernet 0/0/1
[S1-GigabitEthernet0/0/1]port link-type trunk
[S1-GigabitEthernet0/0/1]port trunk allow-pass vlan 1 10
[S1-GigabitEthernet0/0/1]quit
```

```
[S1]interface GigabitEthernet 0/0/2
[S1-GigabitEthernet0/0/2]port link-type trunk
[S1-GigabitEthernet0/0/2]port trunk allow-pass vlan 1 10
[S1-GigabitEthernet0/0/2]quit
[S1]stp enable
[S1]stp mode rstp
Info: This operation may take a few seconds. Please wait for a
moment...done.
[S1]stp root secondary
[S1]interface Ethernet 0/0/2
[S1-Ethernet0/0/2]stp edged-port enable
[S1-Ethernet0/0/2]quit
[S1]quit
<S1>save
```

（2）交换机 S2 的配置如下：

```
<Huawei>undo terminal monitor
Info: Current terminal monitor is off.
<Huawei>system-view
Enter system view, return user view with Ctrl+Z.
[Huawei]sysname S2
[S2]vlan 20
[S2-vlan20]exit
[S2]interface Ethernet 0/0/2
[S2-Ethernet0/0/2]port link-type access
[S2-Ethernet0/0/2]port default vlan 20
[S2-Ethernet0/0/2]quit
[S2]interface GigabitEthernet 0/0/1
[S2-GigabitEthernet0/0/1]port link-type trunk
[S2-GigabitEthernet0/0/1]port trunk allow-pass vlan 1 20
[S2-GigabitEthernet0/0/1]quit
[S2]interface GigabitEthernet 0/0/2
[S2-GigabitEthernet0/0/2]port link-type trunk
[S2-GigabitEthernet0/0/2]port trunk allow-pass vlan 1 20
[S2-GigabitEthernet0/0/2]quit
[S2]stp enable
```

```
[S2]stp mode rstp
Info: This operation may take a few seconds. Please wait for a
moment...done.
[S2]stp root secondary
[S2]interface Ethernet 0/0/2
[S2-Ethernet0/0/2]stp edged-port enable
[S2-Ethernet0/0/2]quit
[S2]quit
<S2>save
```

（3）交换机 SC 的配置如下：

```
<Huawei>undo terminal monitor
Info: Current terminal monitor is off.
<Huawei>system-view
Enter system view, return user view with Ctrl+Z.
[Huawei]sysname SC
[SC]vlan batch 10 20 100 200
Info: This operation may take a few seconds. Please wait for a
moment...done.
[SC]interface GigabitEthernet 0/0/2
[SC-GigabitEthernet0/0/2]port link-type trunk
[SC-GigabitEthernet0/0/2]port trunk allow-pass vlan 1 10
[SC-GigabitEthernet0/0/2]quit
[SC]interface GigabitEthernet 0/0/3
[SC-GigabitEthernet0/0/3]port link-type trunk
[SC-GigabitEthernet0/0/3]port trunk allow-pass vlan 1 20
[SC-GigabitEthernet0/0/3]quit
[SC]interface GigabitEthernet 0/0/20
[SC-GigabitEthernet0/0/20]port link-type access
[SC-GigabitEthernet0/0/20]port default vlan 100
[SC-GigabitEthernet0/0/20]quit
[SC]interface GigabitEthernet 0/0/24
[SC-GigabitEthernet0/0/24]port link-type access
[SC-GigabitEthernet0/0/24]port default vlan 200
[SC-GigabitEthernet0/0/24]quit
[SC]interface Vlanif 10
```

```
[SC-Vlanif10]ip address 172.31.10.254 24
[SC-Vlanif10]quit
[SC]interface Vlanif 20
[SC-Vlanif20]ip address 172.31.20.254 24
[SC-Vlanif20]quit
[SC]interface Vlanif 100
[SC-Vlanif200]ip address 172.31.100.254 24
[SC-Vlanif200]quit
[SC]interface Vlanif 200
[SC-Vlanif200]ip address 172.31.200.254 24
[SC-Vlanif200]quit
[SC]stp enable
[SC]stp mode rstp
Info: This operation may take a few seconds. Please wait for a
moment...done.
[SC]stp root primary
[SC]dhcp enable
Info: The operation may take a few seconds. Please wait for a
moment.done.
[SC]ip pool vlan10
Info:It's successful to create an IP address pool.
[SC-ip-pool-vlan10]network 172.31.10.0 mask 255.255.255.0
[SC-ip-pool-vlan10]excluded-ip-address 172.31.10.2
[SC-ip-pool-vlan10]gateway-list 172.31.10.254
[SC-ip-pool-vlan10]quit
[SC]ip pool vlan20
Info:It's successful to create an IP address pool.
[SC-ip-pool-vlan20]network 172.31.20.0 mask 255.255.255.0
[SC-ip-pool-vlan20]excluded-ip-address 172.31.20.2
[SC-ip-pool-vlan20]gateway-list 172.31.20.254
[SC-ip-pool-vlan20]quit
[SC]interface Vlanif 10
[SC-Vlanif10]dhcp select global
[SC-Vlanif10]quit
[SC]interface Vlanif 20
```

```
[SC-Vlanif20]dhcp select global
[SC-Vlanif20]quit
[SC]ip route-static 0.0.0.0 0 172.31.200.1
[SC]quit
<SC>save
```

（4）路由器 R1 的配置如下：

```
<Huawei>system-view
Enter system view, return user view with Ctrl+Z.
[Huawei]sysname R1
[R1]interface Serial 1/0/0
[R1-Serial1/0/0]ip address 100.100.100.1 30
[R1-Serial1/0/0]quit
[R1]interface GigabitEthernet 0/0/0
[R1-GigabitEthernet0/0/1]ip address 172.31.200.1 24
[R1-GigabitEthernet0/0/1]quit
[R1]ip route-static 0.0.0.0 0 100.100.100.2
[R1]ip route-static 172.31.0.0 16 172.31.200.254
```
//配置动态 NAPT
```
[R1]nat address-group 1 100.100.100.1 100.100.100.1
```
//配置公网 IP 地址池
```
[R1]acl 3000                              //定义高级访问控制列表
[R1-acl-adv-3000]rule deny ip source 172.31.0.0 0.0.255.255
destination 172.31.110.0 0.0.0.255
```
　　//因为动态 NAPT 的优先级高于 VPN 的优先级，所以此处拒绝总公司网络到分公司网络的数据流，目的是使总公司网络到分公司网络的数据流去往 VPN（见下面的 VPN 配置），不进行网络地址转换（动态 NAPT）。这也是定义高级访问控制列表的原因
```
[R1-acl-adv-3000]rule permit ip          //允许其他数据流进行 NAT
[R1-acl-adv-3000]quit
[R1]interface Serial 1/0/0
[R1-Serial1/0/0]nat outbound 3000 address-group 1
                      //将符合 ACL 规则的主机自动映射到公网 IP 地址池
[R1-Serial1/0/0]quit
```
//PPP 协议配置
```
[R1]interface Serial 1/0/0
[R1-Serial1/0/0]link-protocol ppp
```

```
[R1-Serial1/0/0]ppp chap user zgongsi
[R1-Serial1/0/0]ppp chap password cipher huawei
[R1-Serial1/0/0]quit
[R1]quit
<R1>save
```

（5）配置 PC1、Client1、FTP 服务器。

PC1 的 IPv4 地址是使用 DHCP 服务自动分配的。PC1 的 IPv4 配置如图 8.2 所示。

图 8.2　PC1 的 IPv4 配置

Client1 的 IPv4 地址需要手动进行配置。根据项目要求，Client1 的 IPv4 配置如图 8.3 所示。

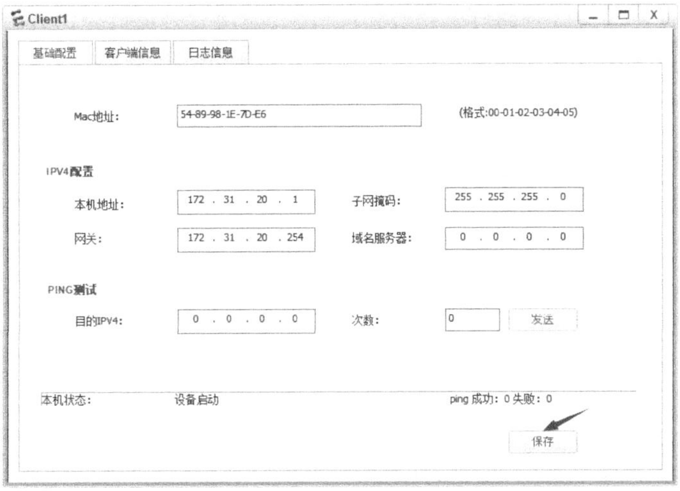

图 8.3　Client1 的 IPv4 配置

　　根据项目要求，首先进行 FTP 服务器的 IPv4 配置，如图 8.4 所示；然后进行 FTP 服务器的 FtpServer 配置（FTP 站点配置），设置"文件根目录"（事先在当前计算机的 D 盘中创建 FTP 文件夹，并且在 FTP 文件夹中创建 TEST.txt 文件）并单击"启动"按钮，如图 8.5 所示。

图 8.4　FTP 服务器的 IPv4 配置

图 8.5　FTP 服务器的 FtpServer 配置

在完成以上配置后，PC1 可以自动获取 IPv4 地址，PC1 可以 Ping 通 Client1，PC1 可以 Ping 通 FTP 服务器。如果不能，那么检查上述配置是否正确。

需要注意的是，现在 PC1 是不能 Ping 通 100.100.100.1 的。

2．分公司网络的配置

（1）交换机 SF 的配置如下：

```
<Huawei>undo terminal monitor
Info: Current terminal monitor is off.
<Huawei>system-view
Enter system view, return user view with Ctrl+Z.
[Huawei]sysname SF
[SF]vlan 110
[SF]port-group 1
[SF-port-group-1]group-member Ethernet 0/0/2 to Ethernet 0/0/3
[SF-port-group-1]port link-type access
[SF-port-group-1]port default vlan 110
[SF-port-group-1]quit
[SF]interface GigabitEthernet 0/0/1
[SF-GigabitEthernet0/0/1]port link-type trunk
[SF-GigabitEthernet0/0/1]port trunk allow-pass vlan 110
[SF-GigabitEthernet0/0/1]quit
[SF]quit
<SF>save
```

（2）路由器 R3 的配置如下：

```
<Huawei>system-view
Enter system view, return user view with Ctrl+Z.
[Huawei]sysname R3
[R3]interface Serial 1/0/0
[R3-Serial1/0/1]ip address 100.100.100.5 30
[R3-Serial1/0/1]quit
[R3]interface GigabitEthernet 0/0/0.1
                               //配置单臂路由,使用 0/0/0.1 子接口
[R3-GigabitEthernet0/0/1]ip address 172.31.110.254 24
[R3-GigabitEthernet0/0/0.1]dot1q termination vid 110
[R3-GigabitEthernet0/0/0.1]arp broadcast enable
```

```
[R3-GigabitEthernet0/0/1]quit
[R3]ip route-static 0.0.0.0 0 100.100.100.6
[R3]acl 3000                              //定义高级访问控制列表
[R3-acl-adv-3000]rule deny ip source 172.31.110.0 0.0.0.255
destination 172.31.0.0 0.0.255.255
```

//因为 Easy IP 的优先级高于 VPN 的优先级,所以此处拒绝分公司网络到总公司网络的数据流,目的是使分公司网络到总公司网络的数据流去往 VPN(见下面的 VPN 配置),不进行网络地址转换(Easy IP)。这也是定义高级访问控制列表的原因

```
[R3-acl-adv-3000]rule permit ip          //允许其他数据流进行 Easy IP
[R3-acl-adv-3000]quit
[R3]interface Serial 1/0/0
[R3-Serial1/0/0]nat outbound 3000
[R3-Serial1/0/0]link-protocol ppp
[R3-Serial1/0/0]ppp chap user fgongsi
[R3-Serial1/0/0]ppp chap password cipher huawei
[R3-Serial1/0/0]quit
[R3]quit
<R3>save
```

(3)配置 PC2、Client2。

根据规划,PC2 的 IPv4 地址是手动配置的。PC2 的 IPv4 配置如图 8.6 所示。

图 8.6　PC2 的 IPv4 配置

根据规划，Client2 的 IPv4 配置如图 8.7 所示。

图 8.7 Client2 的 IPv4 配置

在完成以上配置后，PC2 可以 Ping 通 Client2 和 172.31.110.254，如果不能，那么检查上述配置是否正确。

需要注意的是，现在 PC2 是不能 Ping 通 100.100.100.5 的。

3．运营商网络（模拟）的配置

本项目使用路由器 R2、R4 模拟运营商网络上的若干个路由器，使用 HTTP 服务器模拟运营商数据中心的 HTTP 服务器。

（1）路由器 R2 的配置如下：

```
<Huawei>system-view
Enter system view, return user view with Ctrl+Z.
[Huawei]sysname R2
[R2]interface Serial 1/0/0
[R2-Serial1/0/0]ip address 100.100.100.2 30
[R2-Serial1/0/0]quit
[R2]interface Serial 1/0/1
[R2-Serial1/0/1]ip address 100.100.100.6 30
[R2-Serial1/0/1]quit
[R2]interface Serial 2/0/0
[R2-Serial2/0/0]ip address 100.100.100.9 30
[R2-Serial2/0/0]quit
```

```
[R2]aaa
[R2-aaa]local-user zgongsi password cipher huawei
Info: Add a new user.
[R2-aaa]local-user fgongsi password cipher huawei
Info: Add a new user.
[R2-aaa]local-user zgongsi service-type ppp
[R2-aaa]local-user fgongsi service-type ppp
[R2-aaa]interface Serial 1/0/0
[R2-Serial1/0/0]link-protocol ppp
[R2-Serial1/0/0]ppp authentication-mode chap
[R2-Serial1/0/0]interface Serial 1/0/1
[R2-Serial1/0/1]link-protocol ppp
[R2-Serial1/0/1]ppp authentication-mode chap
[R2-Serial1/0/1]
[R2-Serial1/0/1]quit
[R2]ospf 1
[R2-ospf-1]area 0
[R2-ospf-1-area-0.0.0.0]network 100.100.100.8 0.0.0.3
[R2-ospf-1-area-0.0.0.0]network 100.100.100.12 0.0.0.3
[R2-ospf-1-area-0.0.0.0]authentication-mode md5 1 huawei
            //配置区域认证，验证模式是 MD5，验证字标符为 1，配置口令为 huawei
[R2-ospf-1-area-0.0.0.0]quit
[R2-ospf-1]area 10
[R2-ospf-1-area-0.0.0.10]network 100.100.100.0 0.0.0.3
[R2-ospf-1-area-0.0.0.10]network 100.100.100.4 0.0.0.3
[R2-ospf-1-area-0.0.0.10]quit
[R2-ospf-1]silent-interface Serial 1/0/0
[R2-ospf-1]silent-interface Serial 1/0/1
[R2-ospf-1]quit
[R2]quit
<R2>save
```

在完成以上配置后，PC1 可以 Ping 通 100.100.100.1，PC2 可以 Ping 通 100.100.100.5。

（2）路由器 R4 的配置如下：

```
<Huawei>system-view
Enter system view, return user view with Ctrl+Z.
```

```
[Huawei]
[Huawei]sysname R4
[R4]interface GigabitEthernet 0/0/0
[R4-GigabitEthernet0/0/0]ip add 100.100.100.14 30
[R4-GigabitEthernet0/0/0]quit
[R4]interface Serial 1/0/0
[R4-Serial1/0/0]ip add 100.100.100.10 30
[R4-Serial1/0/0]quit
[R4-ospf-1]area 0
[R4-ospf-1-area-0.0.0.0]network 100.100.100.8 0.0.0.3
[R4-ospf-1-area-0.0.0.0]network 100.100.100.12 0.0.0.3
[R4-ospf-1-area-0.0.0.0]authentication-mode md5 1 huawei
        //配置区域认证，验证模式是 MD5，验证字标识符为 1，配置口令为 huawei
[R4-ospf-1-area-0.0.0.0]quit
[R4-ospf-1]silent-interface GigabitEthernet 0/0/0
[R4-ospf-1]quit
[R4]quit
<R4>save
```

（3）HTTP 服务器的配置。

根据项目要求，首先进行 HTTP 服务器的 IPv4 配置，如图 8.8 所示；然后
进行 HTTP 服务器的 HttpServer 配置（HTTP 站点配置），设置"文件根目录"
（事先在当前计算机的 D 盘中创建 WEB 文件夹，并且在 WEB 文件夹中创建
index.html 文件）并单击"启动"按钮，如图 8.9 所示。

图 8.8　HTTP 服务器的 IPv4 配置

图 8.9　HTTP 服务器的 HttpServer 配置

在完成以上配置后，Client1、Client2 可以正常访问 HTTP 服务器的 HTTP 站点，具体访问结果分别如图 8.10、图 8.11 所示。

图 8.10　Client1 通过 IP 地址访问 HTTP 服务器的 HTTP 站点

图 8.11　Client2 通过 IP 地址访问 HTTP 服务器的 HTTP 站点

4．总公司网络与分公司网络之间的互联配置

为了实现总公司网络与分公司网络之间的互联，我们需要在总公司网络与分公司网络上配置 IPSec VPN。IPSec VPN 的配置有多种，可以采用虚拟接口方式建立 IPSec 隧道，也可以使用 Efficient VPN 策略建立 IPSec 隧道，还可以使用 ACL 方式建立 IPSec 隧道。在本项目中，我们使用 ACL 方式建立 IPSec 隧道。

（1）在路由器 R1 上配置 IPSec VPN，代码如下：

```
[R1]acl number 3100      //创建ACL，定义总公司网络到分公司网络的数据流
[R1-acl-adv-3001]rule permit ip source 172.31.0.0 0.0.255.255
destination 172.31.110.0 0.0.0.255
[R1-acl-adv-3001]quit
[R1]ipsec proposal trans1      //创建IPSec安全提议
[R1-ipsec-proposal-trans1]transform esp
[R1-ipsec-proposal-trans1]esp authentication-algorithm sha2-256
[R1-ipsec-proposal-trans1]esp encryption-algorithm aes-128
[R1-ipsec-proposal-trans1]quit
[R1]ike proposal 10            //创建IKE安全提议
```

```
[R1-ike-proposal-10]encryption-algorithm aes-cbc-128
[R1-ike-proposal-10]authentication-algorithm sha1
[R1-ike-proposal-10]dh group14
[R1-ike-proposal-10]quit
[R1]ike local-name rt1                          //配置名称类型 ID
[R1]ike peer rt1 v1                             //创建 IKE 对等体
[R1-ike-peer-rt1]exchange-mode aggressive
[R1-ike-peer-R3]ike-proposal 10
[R1-ike-peer-R3]pre-shared-key cipher huawei
[R1-ike-peer-R3]remote-address 100.100.100.5
[R1-ike-peer-R3]nat traversal                  //配置 NAT 穿越
[R1-ike-peer-R3]quit
[R1]ipsec policy zong 10 isakmp
                  //创建 IKE 动态协商方式安全策略，并且将其命名为 zong
[R1-ipsec-policy-isakmp-zong-10]ike-peer rt1
[R1-ipsec-policy-isakmp-zong-10]proposal trans1
[R1-ipsec-policy-isakmp-zong-10]security acl 3100
[R1-ipsec-policy-isakmp-zong-10]quit
[R1]interface Serial 1/0/0
[R1-Serial1/0/0]ipsec policy zong              //在接口引用安全策略组
[R1-Serial1/0/0]quit
[R1]quit
<R1>save
```

（2）在路由器 R3 上配置 IPSec VPN，代码如下：

```
[R3]acl number 3100         //创建 ACL，定义分公司网络到总公司网络的数据流
[R3-acl-adv-3100]rule permit  ip source 172.31.110.0 0.0.0.255
destination 172.31.0.0 0.0.255.255
[R3-acl-adv-3100]quit
[R3-ipsec-proposal-trans1]transform esp
[R3-ipsec-proposal-trans1]esp authentication-algorithm sha2-256
[R3-ipsec-proposal-trans1]esp encryption-algorithm aes-128
[R3-ipsec-proposal-trans1]quit
```

```
[R3]ike proposal 10
[R3-ike-proposal-10]encryption-algorithm aes-cbc-128
[R3-ike-proposal-10]authentication-algorithm sha1
[R3-ike-proposal-10]dh group14
[R3-ike-proposal-10]quit
[R3]ike local-name rt3
[R3]ike peer rt3 v1
[R3-ike-peer-rt3]exchange-mode aggressive
[R3-ike-peer-rt3]ike-proposal 10
[R3-ike-peer-rt3]pre-shared-key cipher huawei
[R3-ike-peer-rt3]remote-address 100.100.100.1
[R3-ike-peer-rt3]nat traversal
[R3-ike-peer-rt3]quit
[R3]ipsec policy fen 10 isakmp
[R3-ipsec-policy-isakmp-fen-10]ike-peer rt3
[R3-ipsec-policy-isakmp-fen-10]proposal trans1
[R3-ipsec-policy-isakmp-fen-10]security acl 3100
[R3-ipsec-policy-isakmp-fen-10]quit
[R3]interface Serial 1/0/0
[R3-Serial1/0/0]ipsec policy fen
[R3-Serial1/0/0]quit
[R3]quit
<R3>save
```

（3）总公司网络与分公司网络之间的互联验证。

在路由器 R1、R3 上执行 display ike sa 命令，查看 IKE 协商建立的安全联盟信息，分别如图 8.12、图 8.13 所示。

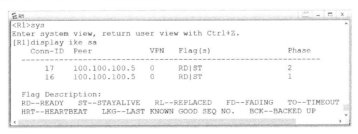

图 8.12　在路由器 R1 上查看 IKE 协商建立的安全联盟信息

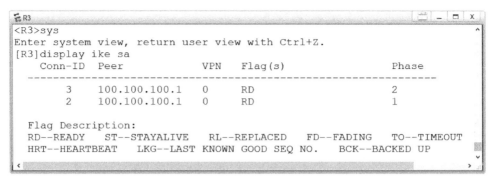

图 8.13　在路由器 R3 上查看 IKE 协商建立的安全联盟信息

在路由器 R1、R3 上执行 display ipsec sa 命令，查看 IPSec 安全联盟的配置信息，分别如图 8.14、图 8.15 所示。

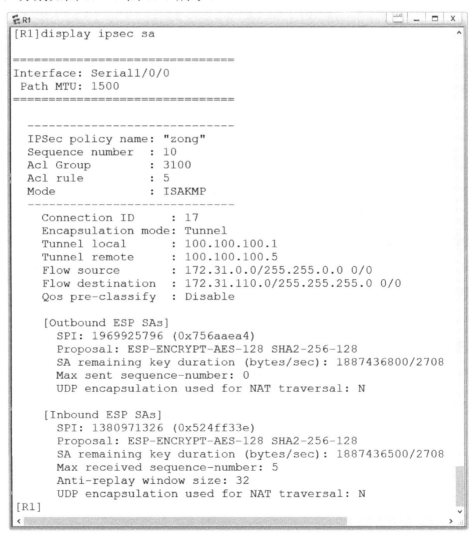

图 8.14　在路由器 R1 上查看 IPSec 安全联盟的配置信息

图 8.15　在路由器 R3 上查看安全联盟的配置信息

项目拓展

本项目使用 ACL 方式建立 IPSec 隧道，完成了 IPSec VPN 的配置，读者可以自主学习使用 Efficient VPN 策略建立 IPSec 隧道和使用虚拟接口方式建立 IPSec 隧道的相关配置方式。

项目验收

（1）使用 ipconfig 命令查看 PC1 的 IPv4 地址。

（2）使用 ping 命令测试 PC1 与 Client1 之间的连通性。

（3）双击 Client1，打开"Client1"窗口，选择"客户端信息"选项卡，在左侧的列表框中选择"HttpClient"选项，在右侧的"地址"文本框中输入 HTTP

服务器的域名，访问 HTTP 服务器的 HTTP 站点。

（4）双击 Client2，打开"Client2"窗口，选择"客户端信息"选项卡，在左侧的列表框中选择"HttpClient"选项，在右侧的"地址"文本框中输入 HTTP 服务器的域名，访问 HTTP 服务器的 HTTP 站点。

（5）在路由器 R1、R3 上执行 display ike sa 命令，查看 IKE 协商建立的安全联盟信息。

（6）在路由器 R1、R3 上执行 display ipsec sa 命令，查看 IPSec 安全联盟的配置信息。

📖 项目评价

本项目的自我评价如表 8.3 所示。

表 8.3　本项目的自我评价

序号	自评内容	佐证内容	达标	未达标
1	DHCP 服务配置	PC1、PC2 能够正常获取 IPv4 地址		
2	Server 配置	检查 HTTP、FTP 服务器的配置		
3	RSTP 配置	在交换机 S1、S2、S3 上执行 display stp brief 命令，查看相应的 RSTP 的运行状态		
4	PPP 协议配置	在路由器 R2 上执行 display ip interface brief 命令，查看链路状态信息		
5	动态 NAPT 配置	在路由器 R1 上执行 display nat session all 命令，查看动态 NAPT 映射表项		
6	Easy IP 配置	在路由器 R3 上执行 display nat session all 命令，查看 Easy IP 映射表项		
7	OSPF 协议配置	在路由器 R2 上执行 display ip routing-table 命令，查看路由表（路由表中应该包含学习到的 OSPF 路由）		
8	IPSec VPN 配置	在路由器 R1、R3 上执行 display ike sa 命令和 display ipsec sa 命令，查看 IKE 协商建立的安全联盟信息和 IPSec 安全联盟的配置信息		
9	项目综合完成情况	通过学习和练习，能够完成整个项目，并且能够清晰地介绍项目完成过程		

📖 项目小结

　　本任务包含路由器、交换机的基础配置，交换机的 DHCP 服务配置、RSTP 配置、静态路由配置，路由器的 Easy IP 配置、动态 NAPT 配置、静态路由配置、单臂路由配置、PPP 协议配置、OSPF 协议配置，以及 IPSec VPN 配置，使读者理解企业网的相关知识，有助于读者未来自主搭建企业网。

　　将自己的学习心得写在下面。

_____

_____

_____

_____

_____

_____

反侵权盗版声明

电子工业出版社依法对本作品享有专有出版权。任何未经权利人书面许可，复制、销售或通过信息网络传播本作品的行为；歪曲、篡改、剽窃本作品的行为，均违反《中华人民共和国著作权法》，其行为人应承担相应的民事责任和行政责任，构成犯罪的，将被依法追究刑事责任。

为了维护市场秩序，保护权利人的合法权益，我社将依法查处和打击侵权盗版的单位和个人。欢迎社会各界人士积极举报侵权盗版行为，本社将奖励举报有功人员，并保证举报人的信息不被泄露。

举报电话：（010）88254396；（010）88258888

传　　真：（010）88254397

E - m a i l：dbqq@phei.com.cn

通信地址：北京市万寿路 173 信箱
　　　　　电子工业出版社总编办公室

邮　　编：100036